Gladys Cruz

Comportamiento asintótico de un sistema de ecuaciones kdv

Gladys Cruz

Comportamiento asintótico de un sistema de ecuaciones kdv

El problema lineal, la buena formulación local y la solución global del sistema acoplado de ecuaciones generalizadas KdV

Editorial Académica Española

Impressum / Aviso legal
Bibliografische Information der Deutschen Nationalbibliothek: Die Deutsche Nationalbibliothek verzeichnet diese Publikation in der Deutschen Nationalbibliografie; detaillierte bibliografische Daten sind im Internet über http://dnb.d-nb.de abrufbar.

Información bibliográfica de la Deutsche Nationalbibliothek: La Deutsche Nationalbibliothek clasifica esta publicación en la Deutsche Nationalbibliografie; los datos bibliográficos detallados están disponibles en internet en http://dnb.d-nb.de.

Coverbild / Imagen de portada: www.ingimage.com

Verlag / Editorial:
Editorial Académica Española
ist ein Imprint der / es una marca de
OmniScriptum GmbH & Co. KG
Heinrich-Böcking-Str. 6-8, 66121 Saarbrücken, Deutschland / Alemania
Email / Correo Electrónico: info@eae-publishing.com

Herstellung: siehe letzte Seite /
Publicado en: consulte la última página
ISBN: 978-3-659-02257-9

COMPORTAMIENTO ASINTÓTICO DE LA SOLUCIÓN DE UN SISTEMA ACOPLADO DE ECUACIONES DE KORTEWEG-DE VRIES GENERALIZADAS

Gladys Cruz Yupanqui

Tesis de Maestría en Matemática

COMPORTAMIENTO ASINTÓTICO DE LA SOLUCIÓN DE UN SISTEMA ACOPLADO DE ECUACIONES DE KORTEWEG-DE VRIES GENERALIZADAS

Gladys Cruz Yupanqui

ASESOR: Juan Montealegre Scott

PONTIFICIA UNIVERSIDAD CATÓLICA DEL PERÚ

Lima, Agosto del 2004

A mis hijos Darian Angie y Elong Gabriel

RESUMEN

El objetivo principal en este trabajo es estudiar el comportamiento asintótico en el tiempo de las soluciones del problema de valor inicial

$$\begin{cases} \partial_t u + \partial_x^3 u + \alpha \partial_x^3 v + u^p \partial_x u + v^p \partial_x v = 0 \\ \partial_t v + \partial_x^3 v + \alpha \partial_x^3 u + v^p \partial_x v + \partial_x (uv^p) = 0 \\ u(x,0) = u_0 \\ v(x,0) = v_0, \end{cases}$$

donde α es una constante real menor que 1. El sistema se considera para $x \in \mathbf{R}$ y $t \geq 0$. El exponente p es un entero mayor o igual a 1. El sistema tiene la estructura de un par de ecuaciones de Korteweg-de Vries generalizadas acopladas a través de ambos efectos dispersivos y no lineales, y es un caso particular del sistema derivado por Gear y Grimshaw como un modelo para describir la interacción fuerte de ondas largas débilmente no lineales.

Para esto se demuestra, mediante la teoría de T. Kato para ecuaciones de evolución cuasi lineales del tipo hiperbólico, que el problema está bien formulado localmente en los espacios clásicos de Sobolev $H^s(\mathbf{R}) \times H^s(\mathbf{R})$ para $s \geq 3$. Usando el método de la fase estacionaria analizamos la parte lineal del sistema y entonces usando la versión integral de nuestro problema se genera el siguiente resultado: existe una constante $C > 0$ tal que

$$\|(u,v)(t)\|_{\mathcal{H}^3_\infty} \leq C(1+t)^{-1/3}$$

cuando $t \to \infty$, suponiendo que el dato inicial en $t = 0$ satisface las condiciones para $p \geq 4$ y $|\alpha| < 1$.

Índice general

1. Preliminares **1**
1.1. Teorema de Kato para problemas de evolución cuasi lineales. 1
1.1.1. Desigualdades útiles. 2

2. El problema lineal **4**

3. Buena formulación local **7**
3.1. Hipótesis X. 7
3.2. Hipótesis $A1$. 8
3.3. Hipótesis $A2$. 13
3.4. Hipótesis $A3$. 19

4. Existencia de solución global y su comportamiento asintótico **21**

A. Espacios de Sobolev **36**
A.1. Modelados en $L^2(\mathbf{R})$. 36
A.2. Modelados en $L^p(\mathbf{R})$, $1 \leq p \leq \infty$. 38

B. Semigrupos de operadores **40**
B.1. Definiciones. 40
B.2. Teorema de perturbación de generadores. 42

Introducción

En la Universidad del Sur de California, efectuaron una serie de experimentos que involucran la interacción entre solitones. En estos experimentos ocurre un tipo de interacción bastante curioso.

El experimento consiste en estudiar dos ondas solitarias que se propagan en una dirección a lo largo de interfases separadas verticalmente en un fluido estratificado y cuyas velocidades de fase difieren por una cantidad relativamente pequeña. Cuando las interfases por las que se propagan las ondas están separadas, pero no son muy distantes, aparece el siguiente, y muy peculiar fenómeno: La energía puede ser transferida de la onda más rápida, que momentáneamente se encuentra adelante, a la onda más lenta, temporalmente atrasada. Si un sistema de referencia se mueve con el centro de masa de las dos ondas, observamos que en este intercambio de posiciones, la onda delantera cede energía, y por tanto velocidad, a la onda de atrás. Bajo tales condiciones de resonancia, la energía será intercambiada alternativamente entre las ondas en la dirección opuesta a su propagación, y resultarán saltos sucesivos. Esto es, como si los solitones jugaran lingo.

Tomando por hipótesis algunas de las características de los experimentos y usando las ecuaciones de Lagrange para fluidos estratificados, se construyó el modelo

$$\begin{cases} \partial_t u + \partial_x^3 u + \alpha \partial_x^3 v + u \partial_x u + \beta v \partial_x v + \gamma \partial_x (uv) = 0 \\ \partial_t v + \alpha \partial_x^3 u + \partial_x^3 v + \gamma u \partial_x u + v \partial_x v + \beta \partial_x (uv) = 0 \end{cases} \tag{0.0.1}$$

donde α, β y γ son constantes reales, $u = u(x,t)$ y $v = v(x,t)$ son funciones con valores reales para $x \in \mathbf{R}$, $t \geq 0$. El sistema (0.0.1) tiene la estructura de un par de ecuaciones de Korteweg-de Vries generalizadas acopladas a través de los efectos no lineales y dispersivos, y describe la interacción fuerte entre ondas largas, débilmente no lineales.

Es importante notar que el fenómeno modelado (0.0.1) no sólo se presenta en fluidos, sino también en fibras ópticas. Esto es de particular importancia, porque si queremos enviar infomación consistente de dos solitones a través de una fibra óptica sin perder tal información (es decir, que los solitones no se separen) se repite el análisis pero para un sistema acoplado de ecuaciones de Schrödinger no lineales, el cual describirá un par de solitones sincronizados, tal como los que aparecen en fluidos.

El problema de Cauchy asociado al sistema (0.0.1) ha sido estudiado por Bona, Ponce, Saut y Tom [BPST]. Ellos probaron que (0.0.1) es globalmente bien formulado en $\mathcal{H}^s(\mathbf{R})$ para $s \geq 1$ siempre que $|\alpha| < 1$. Este resultado fue mejorado posteriormente por Ash, Cohen y Wang [ACW] cuando mostraron que (0.0.1) es globalmente bien formulado en $\mathcal{L}^2(\mathbf{R})$.

W. Strauss [St] utilizó el método de la fase estacionaria para estudiar el comportamiento asintótico en el tiempo de la única solución del problema de valor inicial asociado con la ecuación de Korteweg-de Vries

$$\begin{cases} \partial_t u + \partial_x^3 u + u\partial_x u = 0 & x \in \mathbf{R},\ t > 0 \\ u(x,0) = u_0; \end{cases}$$

consiguiendo demostrar que si u es tal solución, existe una constante $C > 0$ tal que $\|u(x,t)\| \leq C(1+t)^{-\frac{1}{3}}$ cuando $t \to +\infty$, siempre que el dato inicial u_0 sea suficientemente pequeño.

En este trabajo consideraremos un sistema acoplado de ecuaciones generalizadas de Korteweg-de Vries, más general que (0.0.1)

$$\begin{cases} \partial_t u + \partial_x^3 u + \alpha\partial_x^3 v + u^p\partial_x u + v^p\partial_x v = 0 \\ \partial_t v + \partial_x^3 v + \alpha\partial_x^3 u + v^p\partial_x v + \partial_x(uv^p) = 0 \\ u(x,0) = u_0, \\ v(x,0) = v_0. \end{cases} \tag{0.0.2}$$

donde el exponente p es un número entero mayor o igual que 1, naturalmente se formula la siguiente pregunta: ¿es posible obtener un resultado de existencia y unicidad global para (0.0.2) usando un procedimiento similar al seguido para (0.0.1)?

El objetivo principal de la tesis consiste en estudiar el comportamiento asintótico en el tiempo de la solución del sistema para $p \geq 4$. Específicamente, se demostrará que el problema (0.0.2) está bien formulado globalmente en los espacios clásicos de Sobolev $\mathcal{H}^s(\mathbf{R})$ para $s \geq 3$. Se dice que el problema (0.0.2) está bien formulado en $\mathcal{H}^s(\mathbf{R})$ si éste genera un flujo local continuo en $\mathcal{H}^s(\mathbf{R})$ (es decir, si la existencia, unicidad, persistencia y dependencia continua sobre los datos iniciales se cumplen). Utilizaremos la teoría de T. Kato para demostrar la buena formulación local del problema (0.0.2). El problema está globalmente bien formulado si el flujo local puede ser continuado indefinidamente en la variable temporal, definiendo así una solución de (0.0.2) válida para todo $t \geq 0$. Usando la versión integral del problema de Cauchy para (0.0.2), se estudia el comportamiento asintótico de la solución para grandes valores de p.

El trabajo está organizado como sigue, en el primer capítulo se enuncian sin demostración la teoría de Kato y algunas desigualdades útiles para el trabajo posterior. En el capítulo 2 se demuestra que el problema de valor inicial lineal asociado a (0.0.2) tiene solución única.

En el tercer capítulo se estudia la buena formulación local utilizando la teoría de T. Kato para ecuaciones de evolución cuasi lineales, es decir se verifica que el problema satisface las hipótesis de Kato. En el último capítulo, mediante los estimados a priori se demuestra la existencia global de las soluciones, las cuales se usan para el análisis del comportamiento asintótico de las soluciones para $p \geq 4$. Al final de este trabajo, se incluyen dos apéndices sobre los espacios de Sobolev generalizados y los semigrupos de operadores lineales.

Finalmente, expreso mi especial y profundo agradecimiento al Prof. Juan Montealegre Scott por haber dedicado su valioso tiempo en el asesoramiento de todo este trabajo.

A la fecha de publicación del presente trabajo, cabe mencionar que los resultados que se encuentran en el apéndice, fueron tomados de la versión preliminar del libro *Introducción a las ecuaciones dispersivas no lineales*, publicado por la Pontificia Universidad Católica del Perú en el año 2007, el cual ha sido incluido en la bibliografía.

Agosto, del 2014

Notaciones

X, Y espacios de Banach
$\mathcal{B}(X,Y)$ espacio de operadores lineales acotados de X en Y
$\mathcal{B}(X) = \mathcal{B}(X,X)$
$C([0,T],X)$ espacio de funciones continuas de $[0,T]$ en X
$C^1([0,T],X)$ espacio de funciones continuamente diferenciables de $[0,T]$ en X
$\mathcal{D}(A)$ dominio de los operadores lineales A.
$[A,B] = AB - BA$ conmutador de los operadores A y B
$\widehat{u}(\xi) = \frac{1}{\sqrt{2\pi}} \int_{\mathbf{R}} e^{-i\xi x} u(x)\, dx$ transformada de Fourier
$\check{u}(x) = \frac{1}{\sqrt{2\pi}} \int_{\mathbf{R}} e^{i\xi x} u(\xi)\, d\xi$ transformada inversa de Fourier
$C^k(\mathbf{R})$ espacio de las funciones continuas diferenciables de orden k en $\mathbf{R}$
$C^\infty(\mathbf{R}) = \bigcap_{k\geq 0} C^k(\mathbf{R})$ espacio de las funciones infinitamente diferenciables en $\mathbf{R}$
$C_0^k(\mathbf{R})$ espacio de funciones de clase C^∞ con soporte compacto
$S(\mathbf{R})$ espacio de Schartz en $\mathbf{R}$
$S'(\mathbf{R})$ espacio de las distribuciones temperadas en $\mathbf{R}$
$L^p(\mathbf{R})$ espacio de Lebesgue en $\mathbf{R}$ de orden p, $1 \leq p \leq \infty$
$\|\cdot\|_{L^p}$ norma en $L^p(\mathbf{R})$
$L^\infty(\mathbf{R})$ espacio de las funciones medibles escencialmente acotadas en $\mathbf{R}$
$\|\cdot\|_{L^\infty}$ norma en $L^\infty(\mathbf{R})$
$J^s = \left(1 - \partial_x^2\right)^{s/2}$ potencial de Bessel de orden $-s$
$H_p^s(\mathbf{R}) = J^{-s} L^p(\mathbf{R})$ espacio de Sobolev de orden s con base en $L^p(\mathbf{R})$
$H^s(\mathbf{R}) = H_2^s(\mathbf{R})$ espacio de Sobolev de orden s con base en $L^2(\mathbf{R})$.
$\langle \cdot,\cdot \rangle_{L^2}$ producto interno en $L^2(\mathbf{R})$
$\|\cdot\|_s = \|J^s \cdot\|_{L^2}$ Norma en $H^s(\mathbf{R})$
$\|\cdot\|_{H_p^s} = \|J^s \cdot\|_{L^p}$ norma en $H_p^s(\mathbf{R})$
$\mathcal{H}^s(\mathbf{R}) = H^s(\mathbf{R}) \times H^s(\mathbf{R})$ espacio producto de $H^s(\mathbf{R})$ por $H^s(\mathbf{R})$
$\mathcal{L}^2(\mathbf{R}) = L^2(\mathbf{R}) \times L^2(\mathbf{R})$ espacio producto de $L^2(\mathbf{R})$ por $L^2(\mathbf{R})$
$\mathcal{H}_p^s(\mathbf{R}) = H_p^s(\mathbf{R}) \times H_p^s(\mathbf{R})$ espacio producto de $H_p^s(\mathbf{R})$ por $H_p^s(\mathbf{R})$
$\mathcal{L}^p(\mathbf{R}) = L^p(\mathbf{R}) \times L^p(\mathbf{R})$ espacio producto de $L^p(\mathbf{R})$ por $L^p(\mathbf{R})$
$\langle \cdot,\cdot \rangle_{s\times s} = \langle \cdot,\cdot \rangle_s + \langle \cdot,\cdot \rangle_s$ producto interno en $\mathcal{H}^s(\mathbf{R})$
$\|\cdot\|_{s\times s}^2 = \|\cdot\|_s^2 + \|\cdot\|_s^2$ norma en $\mathcal{H}^s(\mathbf{R})$
$\|\cdot\|_{\mathcal{H}_p^s}^2 = \|\cdot\|_{H_p^s}^2 + \|\cdot\|_{H_p^s}^2$ norma en $\mathcal{H}_p^s(\mathbf{R})$.

Capítulo 1

Preliminares

El capítulo está organizado de la siguiente manera. En la primera sección enunciamos sin demostración los resultados de la teoría de Kato. Estos son formulados de una manera ligeramente diferente a [K1], pero acorde a nuestras necesidades actuales. En la siguiente sección, enunciamos sin demostración algunas desigualdades útiles que usaremos en el trabajo.

1.1. Teorema de Kato para problemas de evolución cuasi lineales.

El contexto analítico-funcional de la teoría de Kato consiste de un par de espacios de Banach reflexivos X e Y, donde Y está contenido en X con la inyección continua y densa. El papel central en la teoría lo desempeña un isomorfismo suryectivo $S : Y \to X$, con las normas de los espacios elegidas de tal forma que S sea una isometría. La teoría se aplica al problema de valor inicial

$$\begin{cases} \partial_t u + A(u)\, u = 0, & 0 \leq t \leq T_0 \\ u(0) = u_0. \end{cases} \tag{1.1.1}$$

asociado con una ecuación de evolución cuasi lineal del tipo hiperbólico en un espacio de Banach X, en donde $u_0 \in Y$ es un valor inicial dado.

Formulamos las siguientes hipótesis:

(X) Sean X e Y dos espacios de Banach reflexivos tales que Y está contenido densamente y continuamente en X . Además existe un isomorfismo $S : Y \to X$ y la norma de Y es escogida de forma que S sea una isometría.

($A1$) Si W es una bola abierta en Y y ω un número real, para cada $y \in W$ el operador $-A(y)$ es el generador de un semigrupo fuertemente continuo en X tal que

$$\left\| e^{-sA(y)} \right\|_{\mathcal{B}(X)} \leq e^{\omega s}, \quad s \geq 0,\, y \in W.$$

($A2$) Para cada $y \in W$, tenemos

$$SA(y)\, S^{-1} = A(y) + B(y)\,,$$

donde $B(y) \in \mathcal{B}(X)$ y $\|B(y)\|_{\mathcal{B}(X)} \leq \lambda_B$ con $\lambda_B > 0$ una constante. Además, existe $\mu_B > 0$ tal que

$$\|B(y_1) - B(y_2)\|_{\mathcal{B}(X)} \leq \mu_B \|y_1 - y_2\|_Y\,,$$

para todo $y_1, y_2 \in W$.

$(A3)$ Para cada $y \in W$ tenemos que $A(y) \in \mathcal{B}(Y, X)$, en el sentido que $Y \subseteq \mathcal{D}(A(y))$ y $A(y)|_Y \in \mathcal{B}(Y, X)$. La aplicación $y \in W \mapsto A(y)$ es Lipschitz continua en $\mathcal{B}(Y, X)$; es decir, existe $\mu_A > 0$ tal que

$$\|A(y_1) - A(y_2)\|_{\mathcal{B}(X)} \leq \mu_A \|y_1 - y_2\|_Y ,$$

para todo $y_1, y_2 \in W$.

Teorema 1.1. *Supongamos que en el problema de valor inicial (1.1.1) las hipótesis (X), $(A1)$, $(A2)$ y $(A3)$ son satisfechas. Si $u_0 \in W$, existen $T = T(\|u_0\|_Y) \in]0, T_0]$ y*

$$u \in C([0,T], Y) \cap C^1([0,T], X)$$

única solución de (1.1.1). Además, existe $T_1 \in]0, T_0]$ y la función $\Psi : Y \to C([0,T_1], Y) \cap C^1([0,T_1], X)$ tal que $\Psi(u_0) = u$ es continua.

En caso que el operador $A(y)$ estuviera definido para todo $y \in Y$, W puede ser elegida como una bola arbitraria de centro 0, entonces las constantes ω, λ_B, μ_A y μ_B dependerán solamente del radio de la bola.

Cuando X es un espacio de Hilbert, una condición necesaria y suficiente para que un operador $-A : \mathcal{D}(A) \subseteq X \to X$ sea el generador de un semigrupo de tipo $(1, \omega)$ es presentada en la proposición B.14.

1.1.1. Desigualdades útiles.

Proposición 1.2. *Si $\xi, \eta \in \mathbf{R}$, entonces existe $C = C(t) > 0$ tal que*

$$\left|\left(1+|\xi|^2\right)^{t/2} - \left(1+|\eta|^2\right)^{t/2}\right| \leq C\left|\left(1+|\xi|^2\right)^{(t-1)/2} + \left(1+|\eta|^2\right)^{(t-1)/2}\right| |\xi - \eta| .$$

En la prueba de esta proposición se usa el Teorema del Valor Medio. Ver [F].

Proposición 1.3 (Desigualdad de Young). *Si a, b y ε son números reales positivos, entonces*

$$ab \leq \varepsilon a^p + C(\varepsilon) b^q$$

donde $C(\varepsilon) = \frac{(\varepsilon p)^{-q/p}}{q}$ y $1 \leq p,\ q \leq \infty$.

El resultado es una consecuencia de la convexidad de la función logaritmo. Ver [F].

Proposición 1.4 (Gagliardo-Nirenberg). *Sean $1 \leq p,\ q,\ r \leq \infty$ y sean j, m dos enteros, $0 \leq j < m$. Si*

$$\frac{1}{p} - j = \theta\left(\frac{1}{q} - m\right) + \frac{1-\theta}{r}$$

para algún $\theta \in \left[\frac{j}{m}, 1\right]$, entonces existe $c = c(m, j, \theta, p, q, r)$ tal que para toda $u \in \mathcal{D}(\mathbf{R}^n)$ se cumple que

$$\|\partial^\alpha u\|_{L^p} \leq c \sum_{|\beta|=m} \left\|\partial^\beta u\right\|_{L^q}^{\theta} \|u\|_{L^r}^{1-\theta} ,$$

con $|\alpha| = j$.

Ver el teorema 9.3. de [Fr].

Proposición 1.5. *Si $f \in S(\mathbf{R}^n)$ entonces*

$$\|D^s f\|_{L^p} \leq c \|D^{s_0} f\|_{L^{p_0}}^{\theta} \|D^{s_1} f\|_{L^{p_1}}^{1-\theta},$$

donde p_0, $p_1 \in]1, \infty[$, s_0, $s_1 \in \mathbf{R}$, $s = \theta s_0 + (1-\theta) s_1$ y $\frac{1}{p} = \frac{\theta}{p_0} + \frac{(1-\theta)}{p_1}$, $0 \leq \theta \leq 1$. Además, si s_0, $s_1 \in [0, \infty[$ entonces

$$\|J^s f\|_{L^p} \leq c \|J^{s_0} f\|_{L^{p_0}}^{\theta} \|J^{s_1} f\|_{L^{p_1}}^{1-\theta}.$$

Ver [BL], capítulo 6, teorema 6.4.5 parte 7.

Proposición 1.6. *Si f, $g \in S(\mathbf{R}^n)$, $s > 0$ y $1 < p < \infty$ y , entonces*

$$\|J^s(fg)\|_{L^p} \leq c \left(\|f\|_{L^{p_1}} \|J^s g\|_{L^{p_2}} + \|J^s f\|_{L^{p_3}} \|g\|_{L^{p_4}}\right)$$

y

$$\|[J^s; f]\, g\|_{L^p} \leq c \left(\|\partial f\|_{L^{p_1}} \left\|J^{s-1} g\right\|_{L^{p_2}} + \|J^s f\|_{L^{p_3}} \|g\|_{L^{p_4}}\right)$$

donde p_2, $p_3 \in]1, \infty[$ y p_1, p_4 son tales que $\frac{1}{p_1} + \frac{1}{p_2} = \frac{1}{p} = \frac{1}{p_3} + \frac{1}{p_4}$.

Ver apéndice de [KP].

Proposición 1.7. *Sea $m(t)$ una función continua de valor real no negativa tal que existen constantes positivas α_0, α_1 y β_1, β_2, y*

$$m(t) \leq \alpha_0 + \alpha_1 m^{\beta_1}(t) \exp\left(\beta_2 m^{\beta_1+1}(t)\right)$$

para cualquier t en un intervalo conteniendo a $t = 0$, donde $\beta_1 > 1$. Si $m(0) \leq \alpha_0$ y el producto α_0, α_1 es suficientemente pequeño, entonces en el mismo intervalo $m(t)$ es acotado.

Ver [St], lema 3.7.

Proposición 1.8. *Sean α_0, α_1, $\beta_1 \geq 0$ que satisfacen*

$$\alpha_0 + \alpha_1 - \beta_1 \geq 1,\ \alpha_0 \geq \beta_1 \text{ o } \alpha_1 \geq \beta_1$$

y

$$\alpha_0 \geq \beta_1 \text{ si } \alpha_1 = 1,\ \alpha_1 > \beta_1 \text{ si } \alpha_0 = 1.$$

Entonces, tenemos

$$\sup_{0 \leq t \leq +\infty} \int_0^t (1+t)^{\beta_1} (1+t-s)^{-\alpha_0} (1+s)^{-\alpha_1} \, ds < +\infty.$$

La prueba de esta proposición se encuentra en [R], pág. 90.

Proposición 1.9. *Supongamos que $\psi \in C_0^1(\mathbf{R})$ tal que $\left|\phi''(\xi)\right| \geq 1$ sobre el soporte de ψ. Entonces*

$$\left|\int e^{i\lambda\phi(\xi)} \psi(\xi)\, d\xi\right| \leq c \lambda^{-1/2} \left\{\|\psi\|_{L^\infty} + \left\|\psi'\right\|_{L^1}\right\}$$

donde la constante c es independiente de λ, ϕ y ψ.

Ver lema 2.2 de [KPV].

Capítulo 2

El problema lineal

En este capítulo se estudia la parte lineal del sistema (0.0.2),

$$\left\{\begin{array}{l} \partial_t u + \partial_x^3 u + \alpha \partial_x^3 v = 0 \\ \partial_t v + \partial_x^3 v + \alpha \partial_x^3 u = 0 \end{array}\right. \tag{2.0.1}$$

con $|\alpha| < 1$ y con las condiciones iniciales

$$\left\{\begin{array}{l} u\,(0) = u_0 \\ v\,(0) = v_0. \end{array}\right. \tag{2.0.2}$$

Con este fin, escribimos el problema (2.0.1) - (2.0.2) en la forma vectorial

$$\left\{\begin{array}{c} \partial_t U + A_0 U = 0 \\ U\,(0) = U_0 \end{array}\right. \tag{2.0.3}$$

donde $U = (u, v)$, $U_0 = (u_0, v_0)$ y definimos el operador matricial A_0 por

$$\left\{\begin{array}{l} \mathcal{D}\,(A_0) = \mathcal{H}^3\,(\mathbf{R}) \\ A_0 U = \left(-\partial_x^3 u - \alpha \partial_x^3 v, -\partial_x^3 v - \alpha \partial_x^3 u\right) \end{array}\right. . \tag{2.0.4}$$

Tenemos entonces la siguiente proposición.

Proposición 2.1. *$-A_0$ es el generador de un semigrupo de contracciones en $\mathcal{L}^2\,(\mathbf{R})$.*

Prueba **Prueba.** Probemos que A_0 es antiadjunto, es decir, $\langle A_0 U, V\rangle_{\mathcal{L}^2} = -\langle U, A_0 V\rangle_{\mathcal{L}^2}$ para todo $U = (u_1, u_2)$, $V = (v_1, v_2) \in \mathcal{H}^s\,(\mathbf{R})$, pues

$$\begin{aligned}
\langle A_0 U, V\rangle_{\mathcal{L}^2} &= \left\langle \left(-\partial_x^3 u_1 - \alpha\partial_x^3 u_2, -\partial_x^3 u_2 - \alpha\partial_x^3 u_1\right), (v_1, v_2)\right\rangle_{\mathcal{L}^2} \\
&= \left\langle -\partial_x^3 u_1 - \alpha\partial_x^3 u_2, v_1\right\rangle_{L^2} + \left\langle -\partial_x^3 u_2 - \alpha\partial_x^3 u_1, v_2\right\rangle_{L^2} \\
&= \left\langle -\partial_x^3 u_1, v_1\right\rangle_{L^2} + \left\langle -\alpha\partial_x^3 u_2, v_1\right\rangle_{L^2} + \left\langle -\partial_x^3 u_2, v_2\right\rangle_{L^2} + \left\langle -\alpha\partial_x^3 u_1, v_2\right\rangle_{L^2} \\
&= -\left\langle u_1, -\partial_x^3 v_1\right\rangle_{L^2} - \left\langle u_2, -\alpha\partial_x^3 v_1\right\rangle_{L^2} - \left\langle u_2, -\partial_x^3 v_2\right\rangle_{L^2} - \left\langle u_1, -\alpha\partial_x^3 v_2\right\rangle_{L^2} \\
&= -\left\langle u_1, -\partial_x^3 v_1 - \alpha\partial_x^3 v_2\right\rangle_{L^2} - \left\langle u_2, -\alpha\partial_x^3 v_1 - \partial_x^3 v_2\right\rangle_{L^2} \\
&= -\left\langle (u_1, u_2), \left(-\partial_x^3 v_1 - \alpha\partial_x^3 v_2, -\alpha\partial_x^3 v_1 - \partial_x^3 v_2\right)\right\rangle_{\mathcal{L}^2} \\
&= -\langle U, A_0 V\rangle_{\mathcal{L}^2}
\end{aligned}$$

donde se ha usado la propiedad $\left\langle \partial_x^k u, v\right\rangle_{L^2} = (-1)^k \left\langle u, \partial_x^k v\right\rangle_{L^2}$.

En consecuencia $-A_0$ es el generador de un semigrupo de contracciones en $\mathcal{L}^2\,(\mathbf{R})$. End Proof

Ahora resolvemos el sistema (2.0.3) mediante la transformada de Fourier en la variable espacial ξ y obtenemos

$$\left\{\begin{array}{c} \partial_t \widehat{U}(\xi) = -\widehat{A_0}(\xi)\,\widehat{U}(\xi) \\ \widehat{U}(0) = \widehat{U_0}(\xi) \end{array}\right. \tag{2.0.5}$$

donde

$$-\widehat{A_0}(\xi) = \begin{pmatrix} i\xi^3 & \alpha i\xi^3 \\ \alpha i\xi^3 & i\xi^3 \end{pmatrix}$$

y

$$\widehat{U_0}(\xi) = \begin{pmatrix} \widehat{u_0}(\xi) \\ \widehat{v_0}(\xi) \end{pmatrix}.$$

Entonces la solución de (2.0.5) es

$$\widehat{U}(\xi) = e^{-\widehat{A_0}(\xi)t}\widehat{U_0}(\xi) \tag{2.0.6}$$

y los autovalores de $-\widehat{A_0}(\xi)$ son las raíces de la ecuación

$$\lambda^2 - 2i\xi^3\lambda + \left(\alpha^2 - 1\right)\xi^6 = 0 \tag{2.0.7}$$

es decir,

$$\lambda^+(\xi) = i\xi^3(1+\alpha) \quad \text{y} \quad \lambda^-(\xi) = i\xi^3(1-\alpha). \tag{2.0.8}$$

Los autovectores asociados a (2.0.8) se obtienen de la ecuación

$$\left(-\widehat{A_0}(\xi) - \lambda I\right)V = 0$$

y son

$$v_{\lambda^+} = \begin{pmatrix} 1 \\ 1 \end{pmatrix} \quad \text{y} \quad v_{\lambda^-} = \begin{pmatrix} 1 \\ -1 \end{pmatrix}. \tag{2.0.9}$$

Luego, sea $C = \begin{pmatrix} 1 & 1 \\ 1 & -1 \end{pmatrix}$ la matriz que diagonaliza a $e^{-\widehat{A_0}(\xi)t}$ tal que

$$e^{-\widehat{A_0}(\xi)t} = Ce^{Jt}C^{-1} \tag{2.0.10}$$

donde $J = \begin{pmatrix} \lambda^+(\xi) & 0 \\ 0 & \lambda^-(\xi) \end{pmatrix}$ es la forma canónica de Jordan de la matriz $-\widehat{A_0}(\xi)$, luego,

$$\begin{aligned} \widehat{U}(\xi) &= e^{-\widehat{A_0}(\xi)t}\widehat{U_0}(\xi) \\ &= C\begin{pmatrix} e^{i\xi^3(1+\alpha)t} & 0 \\ 0 & e^{i\xi^3(1-\alpha)t} \end{pmatrix} C^{-1}\widehat{U_0}(\xi) \\ &= \frac{1}{2}\begin{pmatrix} 1 & 1 \\ 1 & -1 \end{pmatrix}\begin{pmatrix} e^{\lambda^+(\xi)t} & 0 \\ 0 & e^{\lambda^-(\xi)t} \end{pmatrix}\begin{pmatrix} 1 & 1 \\ 1 & -1 \end{pmatrix}\widehat{U_0}(\xi) \\ &= \frac{1}{2}\begin{pmatrix} e^{\lambda^+(\xi)t} + e^{\lambda^-(\xi)t} & e^{\lambda^+(\xi)t} - e^{\lambda^-(\xi)t} \\ e^{\lambda^+(\xi)t} - e^{\lambda^-(\xi)t} & e^{\lambda^+(\xi)t} + e^{\lambda^-(\xi)t} \end{pmatrix}\begin{pmatrix} \widehat{u_0}(\xi) \\ \widehat{v_0}(\xi) \end{pmatrix} \\ &= \frac{1}{2}\begin{pmatrix} \left(e^{\lambda^+(\xi)t} + e^{\lambda^-(\xi)t}\right)\widehat{u_0}(\xi) + \left(e^{\lambda^+(\xi)t} - e^{\lambda^-(\xi)t}\right)\widehat{u_0}(\xi) \\ \left(e^{\lambda^+(\xi)t} - e^{\lambda^-(\xi)t}\right)\widehat{v_0}(\xi) + \left(e^{\lambda^+(\xi)t} + e^{\lambda^-(\xi)t}\right)\widehat{v_0}(\xi) \end{pmatrix} \end{aligned} \tag{2.0.11}$$

Considerando a los multiplicadores de Fourier $E^{\pm}(t)$ definidos por

$$\widehat{E^{\pm}(t)u_0}(\xi) = \frac{1}{2}e^{\lambda^{\pm}(\xi)t}\widehat{u_0}(\xi) \tag{2.0.12}$$

donde $\lambda^{\pm}(\xi) = i\xi^3(1 \pm \alpha)$.

Luego, escribimos (2.0.11) como

$$\widehat{U}(\xi) = \begin{pmatrix} \left(\widehat{E^{+}(t)u_0} + \widehat{E^{-}(t)u_0}\right)(\xi) + \left(\widehat{E^{+}(t)v_0} - \widehat{E^{-}(t)v_0}\right)(\xi) \\ \left(\widehat{E^{+}(t)u_0} - \widehat{E^{-}(t)u_0}\right)(\xi) + \left(\widehat{E^{+}(t)v_0} + \widehat{E^{-}(t)v_0}\right)(\xi) \end{pmatrix} \tag{2.0.13}$$

y tomando la transformada inversa de Fourier a (2.0.13) se tiene que

$$U(t) = \begin{pmatrix} (E^{+}(t) + E^{-}(t))u_0 + (E^{+}(t) - E^{-}(t))v_0 \\ (E^{+}(t) - E^{-}(t))u_0 + (E^{+}(t) + E^{-}(t))v_0 \end{pmatrix}. \tag{2.0.14}$$

Teorema 2.2. *El semigrupo de contracciones $\{W(t)\}_{t\geq 0}$ en $\mathcal{H}^s(\mathbf{R})$, $s \geq 0$ generado por el operador $-A_0$ satisface*

$$W(t)U_0 = \begin{pmatrix} (E^{+}(t) + E^{-}(t))u_0 + (E^{+}(t) - E^{-}(t))v_0 \\ (E^{+}(t) - E^{-}(t))u_0 + (E^{+}(t) + E^{-}(t))v_0 \end{pmatrix}$$

para todo $U_0 = (u_0, v_0) \in \mathcal{H}^s(\mathbf{R})$, en donde $E^{\pm}(t)$ son los multiplicadores de Fourier definidos en (2.0.12). Además, la función $W(t)U_0 : \mathbf{R}_0^+ \to \mathcal{H}^s(\mathbf{R})$ es la única solución del problema (2.0.1).

La prueba de este teorema es consecuencia de los resultado obtenidos anteriormente.

Antes de concluir con el capítulo, notemos que en este caso no es posible resolver el problema (0.0.2) de manera tradicional, es decir, reducirlo a una ecuación integral y aplicar el teorema del punto fijo de Banach. En efecto, es fácil verificar que (0.0.2) es, al menos formalmente, equivalente a

$$U(t) = W(t)U_0 - \int_0^t W(t-\tau)F(U(\tau))\,d\tau$$

en donde $\{W(t)\}_{t\geq 0}$ es el semigrupo de contracciones en $\mathcal{H}^s(\mathbf{R})$, $s \in \mathbf{R}$, generado por el operador matricial $-A_0$ y

$$F(U) = (u^p\partial_x u + v^p\partial_x v, v^p\partial_x v + \partial_x(uv^p)).$$

Ahora, si $U \in C([0,T], \mathcal{H}^s(\mathbf{R}))$ entonces $F(U) \in C\left([0,T], \mathcal{H}^{s-1}(\mathbf{R})\right)$ y $W(t-\tau)$ aplica $\mathcal{H}^{s-1}(\mathbf{R})$ en sí mismo y no en $\mathcal{H}^s(\mathbf{R})$. En consecuencia, la aplicación

$$(\Psi U)(t) = W(t)U_0 - \int_0^t W(t-\tau)F(U(\tau))\,d\tau$$

no transforma $C([0,T], \mathcal{H}^s(\mathbf{R}))$ en sí mismo de modo que el teorema del punto fijo de Banach no puede ser aplicado.

Capítulo 3

Buena formulación local

En este capítulo demostraremos la buena formulación local del problema de valor inicial (0.0.2). Con este fin lo escribimos en la forma

$$\begin{cases} \partial_t U + A(U)U = 0 \\ U(0) = U_0. \end{cases} . \tag{3.0.1}$$

donde el operador

$$A(Z)U = A_0 U + A_1(Z)U$$

siendo A_0 el operador definido en (2.0.4) y

$$A_1(Z)U = \left(-y^p \partial_x u - z^p \partial_x v, -z^p \partial_x u - z^p \partial_x v - pyz^{p-1}\partial_x v\right)$$

para $Z = (y, z)$, $U = (u, v)$ y $U_0 = (u_0, v_0)$.

Usaremos el Teorema de Kato 1.1 para probar el teorema siguiente.

Teorema 3.1. *Si $U_0 \in \mathcal{H}^s(\mathbf{R})$ con $s \geq 3$, entonces existen $T_0 = \left(\|U_0\|_{s \times s}\right) > 0$ y*

$$U \in C([0,T], \mathcal{H}^s(\mathbf{R})) \cap C^1\left([0,T], \mathcal{L}^2(\mathbf{R})\right)$$

única solución del problema de valor inicial (3.0.1). Además, U depende continuamente del dato inicial U_0 en el sentido que la aplicación

$$\Psi : U_0 \in \mathcal{H}^s(\mathbf{R}) \mapsto U \in C([0,T], \mathcal{H}^s(\mathbf{R})) \cap C^1\left([0,T], \mathcal{L}^2(\mathbf{R})\right)$$

es continua.

En las siguientes secciones verificaremos el cumplimiento de las hipótesis del teorema 1.1.

3.1. Hipótesis X.

Sean

$$X = \mathcal{L}^2(\mathbf{R})$$

y

$$Y = \mathcal{H}^s(\mathbf{R})$$

donde $s \geq 3$ es un número real fijo. Sabemos que $\mathcal{H}^s(\mathbf{R})$ está contenido en $\mathcal{L}^2(\mathbf{R})$ densamente y continuamente. Definimos en $\mathcal{H}^s(\mathbf{R})$ el operador S por

$$SU = (J^s u, J^s v) \text{ para } U = (u, v) \in \mathcal{H}^s(\mathbf{R}).$$

Teorema 3.2. *$S \in \mathcal{B}(\mathcal{H}^s(\mathbf{R}), \mathcal{L}^2(\mathbf{R}))$ es un isomorfismo isométrico.*

Prueba **Prueba.** Obviamente S es lineal y $\mathcal{R}(S) \subset \mathcal{L}^2(\mathbf{R})$ pues para cada $U \in \mathcal{H}^s(\mathbf{R})$ tenemos

$$\|SU\|_{\mathcal{L}^2}^2 = \|J^s u\|_{L^2}^2 + \|J^s v\|_{L^2}^2 = \|u\|_s^2 + \|v\|_s^2 < \infty. \tag{3.1.2}$$

Además, de (3.1.2) resulta que S es una isometría (en consecuencia inyectivo) con imagen $\mathcal{R}(S)$ cerrada.

También S es un operador suryectivo, pues si $V = (v_1, v_2) \in C_0^\infty(\mathbf{R}) \times C_0^\infty(\mathbf{R})$ entonces $U = (J^{-s}v_1, J^{-s}v_2)$ satisface $SU = V$ y $U \in \mathcal{H}^s(\mathbf{R})$ pues

$$\begin{aligned} \|U\|_{s\times s}^2 &= \left\|J^{-s}v_1\right\|_s^2 + \left\|J^{-s}v_2\right\|_s^2 = \left\|J^s J^{-s}v_1\right\|_{L^2}^2 + \left\|J^s J^{-s}v_2\right\|_{L^2}^2 \\ &= \left\|J^{s-s}v_1\right\|_{L^2}^2 + \left\|J^{s-s}v_2\right\|_{L^2}^2 = \|v_1\|_{L^2}^2 + \|v_2\|_{L^2}^2 \\ &= \|V\|_{\mathcal{L}^2}^2 < \infty. \end{aligned}$$

Por lo tanto $C_0^\infty(\mathbf{R}) \times C_0^\infty(\mathbf{R}) \subseteq \mathcal{R}(S)$. Luego tomando la clausura en $\mathcal{L}^2(\mathbf{R})$

$$\mathcal{L}^2(\mathbf{R}) = \overline{C_0^\infty(\mathbf{R})\times C_0^\infty(\mathbf{R})}^{\mathcal{L}^2(\mathbf{R})} \subseteq \overline{\mathcal{R}(S)}^{\mathcal{L}^2(\mathbf{R})} \subseteq \overline{\mathcal{L}^2(\mathbf{R})}$$

tenemos que $\mathcal{R}(S) = \overline{\mathcal{R}(S)} = \mathcal{L}^2(\mathbf{R})$. Por lo tanto S es un isomorfismo isométrico.

■

3.2. Hipótesis $A1$.

Sean $R > \|U_0\|_{s\times s}$ un número real fijo y

$$W = B_R(0) = \left\{Z \in \mathcal{H}^s(\mathbf{R}) : \|Z\|_{s\times s} < R\right\}.$$

Para cada $Z = (y, z) \in W$ definimos el operador $A_1(Z)$ por

$$\begin{cases} \mathcal{D}(A_1(Z)) = \mathcal{H}^1(\mathbf{R}) \\ A_1(Z)U = \left(-y^p\partial_x u - z^p\partial_x v, -z^p\partial_x u - z^p\partial_x v - pyz^{p-1}\partial_x v\right). \end{cases}$$

Probemos ahora los siguientes lemas.

Lema 3.3. *Si $y \in H^s(\mathbf{R})$ con $s \geq 3$ y $\|y\|_s \leq R$, entonces $\partial_x y$ es continua y acotada; además,*

$$\|\partial_x y^p\|_{L^\infty} \leq \lambda \|y\|_s \leq \lambda R$$

donde $\lambda = \sup\limits_{x\in\mathbf{R}} \left|py^{p-1}(x)\right|$.

Prueba **Prueba.** Tenemos $\partial_x y \in H^{s-1}(\mathbf{R})$, pues $y \in H^s(\mathbf{R})$ y como $s \geq 3$ se sigue que $\partial_x y \in L^\infty(\mathbf{R})$ con

$$\|\partial_x y\|_{L^\infty} \leq K \|\partial_x y\|_{s-1} \leq K \|y\|_s.$$

Entonces

$$\|\partial_x y^p\|_{L^\infty} = \sup_{x\in\mathbf{R}} |\partial_x y^p(x)| = \sup_{x\in\mathbf{R}} \left|py^{p-1}(x)\,\partial_x y(x)\right| \leq \|\partial_x y\|_{L^\infty} \sup_{x\in\mathbf{R}} \left|py^{p-1}(x)\right| \leq \lambda \|y\|_s$$

donde $\lambda = \sup\limits_{x\in\mathbf{R}} \left|py^{p-1}(x)\right| < \infty$ pues $\|y\|_s < R$.

■

Lema 3.4. *Si $y \in H^s(\mathbf{R})$ con $s \geq 3$ y $\|y\|_s \leq R$, entonces $\partial_x(yz^{p-1})$ es continua, acotada y existen $\mu > 0$ tal que*

$$\left\|\partial_x\left(yz^{p-1}\right)\right\|_{L^\infty} \leq 2\mu R.$$

Prueba **Prueba.** Se tiene que

$$\partial_x\left(yz^{p-1}\right) = z^{p-1}(x)\,\partial_x y + (p-1)yz^{p-2}\partial_x z$$

Se sabe que $\partial_x w \in H^{s-1}(\mathbf{R})$ si $w \in H^s(\mathbf{R})$ con $s \geq 3$. Entonces

$$\begin{aligned}
\left\|\partial_x\left(yz^{p-1}\right)\right\|_{L^\infty} &= \sup_{x\in\mathbf{R}}\left|z^{p-1}(x)\,\partial_x y + (p-1)yz^{p-2}\partial_x z\right| \\
&\leq \sup_{x\in\mathbf{R}}\left|z^{p-1}(x)\,\partial_x y(x)\right| + \sup_{x\in\mathbf{R}}\left|(p-1)y(x)z^{p-2}(x)\,\partial_x z(x)\right| \\
&\leq \|\partial_x y\|_{L^\infty}\sup_{x\in\mathbf{R}}\left|z^{p-1}(x)\right| + \|\partial_x z\|_{L^\infty}\sup_{x\in\mathbf{R}}\left|(p-1)y(x)z^{p-2}(x)\right| \\
&\leq \left(\sup_{x\in\mathbf{R}}\left|z^{p-1}(x)\right| + \sup_{x\in\mathbf{R}}\left|(p-1)y(x)z^{p-2}(x)\right|\right)R \\
&= 2\mu R
\end{aligned}$$

donde $2\mu = \sup_{x\in\mathbf{R}}\left|z^{p-1}(x)\right| + \sup_{x\in\mathbf{R}}\left|(p-1)y(x)z^{p-2}(x)\right|$.

■

Proposición 3.5. *Para cada $Z \in W$ el operador $A_1(Z) - \omega I$ es disipativo en $\mathcal{L}^2(\mathbf{R})$ para todo $\omega \geq (\lambda + p\mu)R$, siendo λ y μ las constantes dadas en los lemas 3.3 y 3.4.*

Prueba **Prueba.** Para todo $U = (u, v) \in \mathcal{D}(A_1(Z))$ tenemos

$$\langle (A_1(Z) - \omega I)\,U, U\rangle_{\mathcal{L}^2} = \langle A_1(Z)\,U, U\rangle_{\mathcal{L}^2} - \omega\|U\|^2_{\mathcal{L}^2}. \tag{3.2.3}$$

Pero

$$\begin{aligned}
\langle A_1(Z)\,U, U\rangle_{\mathcal{L}^2} &= -\langle y^p\partial_x u + z^p\partial_x v, u\rangle_{L^2} \\
&\quad -\left\langle z^p\partial_x u + z^p\partial_x v + pyz^{p-1}\partial_x v, v\right\rangle_{L^2} \\
&= -\langle y^p\partial_x u, u\rangle_{L^2} - \langle z^p\partial_x v, u\rangle_{L^2} \\
&\quad -\langle z^p\partial_x u, v\rangle_{L^2} - \langle z^p\partial_x v, v\rangle_{L^2} - \left\langle pyz^{p-1}\partial_x v, v\right\rangle_{L^2}.
\end{aligned} \tag{3.2.4}$$

Por la definición de $\langle\cdot,\cdot\rangle_{L^2}$, integración por partes y el lema 3.3

$$\begin{aligned}
-\langle y^p\partial_x u, u\rangle_{L^2} &= -\int_{\mathbf{R}} y^p(x)\,u(x)\,\partial_x u(x)\,dx = -\frac{1}{2}\int_{\mathbf{R}} y^p(x)\,\partial_x u^2(x)\,dx \\
&= \frac{1}{2}\int_{\mathbf{R}} u^2(x)\,\partial_x y^p(x)\,dx \leq \frac{1}{2}\|\partial_x y^p\|_{L^\infty}\int_{\mathbf{R}}|u(x)|^2 dx \\
&\leq \frac{\lambda}{2}\|y\|_s\int_{\mathbf{R}}|u(x)|^2 dx \leq \frac{\lambda R}{2}\|u\|^2_{L^2}.
\end{aligned} \tag{3.2.5}$$

y por la simetría de las expresiones se tiene que

$$-\langle z^p\partial_x v, v\rangle_{L^2} \leq \frac{\lambda}{2}\|z\|_s\|v\|^2_{L^2} \leq \frac{\lambda R}{2}\|v\|^2_{L^2}, \tag{3.2.6}$$

en forma análoga a (3.2.5) se calcula

$$\begin{aligned}
-\left\langle z^p\partial_x v,u\right\rangle_{L^2} &= -\int_{\mathbf{R}} z^p(x)\,\partial_x v(x)\;u(x)\;dx = \int_{\mathbf{R}} \partial_x\left(z^p(x)\,u(x)\right)v(x)\;dx\\
&= \int_{\mathbf{R}} z^p(x)\,\partial_x v(x)\;u(x)\;dx + \int_{\mathbf{R}} v(x)\;u(x)\;\partial_x z^p(x)\,dx.
\end{aligned}$$

Ahora sumando las expresiones $-\left\langle z^p\partial_x v,u\right\rangle_{L^2}-\left\langle z^p\partial_x u,v\right\rangle_{L^2}$ y usando el lema (3.3) se obtiene

$$\begin{aligned}
-\left\langle z^p\partial_x v,u\right\rangle_{L^2}-\left\langle z^p\partial_x u,v\right\rangle_{L^2} &= \int_{\mathbf{R}} v(x)\;u(x)\;\partial_x z^p(x)\,dx\\
&\leq \frac{1}{2}\left\|\partial_x z^p\right\|_{L^\infty}\int_{\mathbf{R}} 2v(x)\;u(x)\,dx\\
&\leq \frac{1}{2}\left\|\partial_x z^p\right\|_{L^\infty}\left(\int_{\mathbf{R}} u^2(x)\,dx+\int_{\mathbf{R}} v^2(x)\,dx\right)\\
&= \frac{1}{2}\left\|\partial_x z^p\right\|_{L^\infty}\left(\|u\|_{L^2}+\|v\|_{L^2}\right), \qquad (3.2.7)
\end{aligned}$$

nuevamente, por la definición de $\langle\cdot,\cdot\rangle_{L^2}$ e integración por partes,

$$\begin{aligned}
-\left\langle py^{p-1}z\partial_x u,u\right\rangle_{L^2} &= -p\int_{\mathbf{R}} y^{p-1}(x)\,z(x)\,u(x)\,\partial_x u(x)\;dx\\
&= -\frac{p}{2}\int_{\mathbf{R}} y^{p-1}(x)\,z(x)\,\partial_x u^2(x)\;dx\\
&= \frac{p}{2}\int_{\mathbf{R}} \partial_x\left[y^{p-1}(x)\,z(x)\right]u^2(x)\;dx\\
&\leq \frac{p}{2}\left\|\partial_x\left(y^{p-1}z\right)\right\|_{L^\infty}\int_{\mathbf{R}} u^2(x)\;dx
\end{aligned}$$

pues $y,\ z\in H^s(\mathbf{R})$, $s\geq 3$ implica que $y^{p-1}z\in H^s(\mathbf{R})$ y $\partial_x y^{p-1}z\in H^{s-1}(\mathbf{R})\subset C(\mathbf{R})$ y por el lema 3.4 se obtiene

$$-\left\langle py^{p-1}z\partial_x u,u\right\rangle_{L^2}\leq\frac{p2\mu R}{2}\int_{\mathbf{R}} u^2(x)\;dx\leq p\mu R\|u\|_{L^2}\leq p\mu R\left(\|u\|_{L^2}+\|v\|_{L^2}\right). \qquad (3.2.8)$$

Usando los estimados de (3.2.5) al (3.2.8) en (3.2.4) obtenemos

$$\left\langle A_1(Z)\,U,U\right\rangle_{\mathcal{L}^2}\leq\frac{\lambda R}{2}\|u\|_{L^2}^2+\frac{\lambda R}{2}\|v\|_{L^2}^2+\frac{\lambda R}{2}\left(\|u\|_{L^2}+\|v\|_{L^2}\right)+p\mu R\left(\|u\|_{L^2}+\|v\|_{L^2}\right)$$

y teniendo en cuenta que $\|U\|_{\mathcal{L}^2}^2=\|u\|_{L^2}^2+\|v\|_{L^2}^2$,

$$\left\langle A_1(Z)\,U,U\right\rangle_{\mathcal{L}^2}\leq\lambda R\|U\|_{\mathcal{L}^2}^2+p\mu R\|U\|_{\mathcal{L}^2}^2=(\lambda+p\mu)\,R\,\|U\|_{\mathcal{L}^2}^2.$$

Así, en (3.2.3) se obtiene

$$\left\langle\left(A_1(Z)-\omega I\right)U,U\right\rangle_{\mathcal{L}^2}\leq(\lambda+p\mu)\,\|U\|_{\mathcal{L}^2}^2-\omega\,\|U\|_{\mathcal{L}^2}^2=\left((\lambda+p\mu)\,R-\omega\right)\|U\|_{\mathcal{L}^2}^2$$

pero por hipótesis $(\lambda+p\mu)\,R-\omega\leq 0$, por tanto $\left\langle\left(A_1(Z)-\omega I\right)U,U\right\rangle_{\mathcal{L}^2}\leq 0.$

■

Proposición 3.6. *Si $\omega\geq(\lambda+p\mu)\,R$, entonces existen constantes $c_1\in[0,1[$ y $c_2>0$ tales que*

$$\left\|\left(A_1(Z)-\omega I\right)U\right\|_{\mathcal{L}^2}\leq c_1\left\|A_0U\right\|_{\mathcal{L}^2}+c_2\|U\|_{\mathcal{L}^2}$$

para todo $U\in\mathcal{D}(A_0)$. Es decir, $A_1(Z)-\omega I$ es A_0 acotado.

Prueba **Prueba.** Sea $U = (u, v) \in \mathcal{D}(A_0)$, por la desigualdad triangular

$$\|A_1(Z)U - \omega U\|_{\mathcal{L}^2} \leq \|A_1(Z)U\|_{\mathcal{L}_2} + \omega \|U\|_{\mathcal{L}_2}. \quad (3.2.9)$$

Usando la desigualdad $\|U\|_{\mathcal{L}^2} \leq \|u\|_{L^2} + \|v\|_{L^2}$ obtenemos

$$\|A_1(Z)U\|_{\mathcal{L}^2} \leq \|y^p\partial_x u + z^p\partial_x v\|_{L^2} + \left\|y^p\partial_x u + z^p\partial_x v + pyz^{p-1}\partial_x v\right\|_{L^2}. \quad (3.2.10)$$

Estimando (3.2.10) y teniendo en cuenta que $y \in H^s(\mathbf{R})$ con $\|y\|_s \leq R$ entonces $\|y^p\|_{L^\infty} \leq \|y^p\|_s \leq R^p$, en forma similar para $z \in H^s(\mathbf{R})$ se tiene $\|z^p\|_{L^\infty} \leq \|z^p\|_s \leq R^p$, luego

$$\begin{aligned}
\|y^p\partial_x u + z^p\partial_x v\|_{L^2} &\leq \|y^p\partial_x u\|_{L^2} + \|z^p\partial_x v\|_{L^2} \\
&\leq \|y^p\|_{L^\infty}\|\partial_x u\|_{L^2} + \|z^p\|_{L^\infty}\|\partial_x v\|_{L^2} \\
&\leq R^p\|\partial_x u\|_{L^2} + R^p\|\partial_x v\|_{L^2} \\
&= R^p(\|\partial_x u\|_{L^2} + \|\partial_x v\|_{L^2}). \quad (3.2.11)
\end{aligned}$$

Por la desigualdad de Gagliardo-Nirenberg obtenemos

$$\|\partial_x u\|_{L^2} \leq M\left\|\partial_x^3 u\right\|_{L^2}^{\frac{1}{3}}\|u\|_{L^2}^{\frac{2}{3}} \quad \text{y} \quad \|\partial_x v\|_{L^2} \leq M\left\|\partial_x^3 v\right\|_{L^2}^{\frac{1}{3}}\|v\|_{L^2}^{\frac{2}{3}}; \quad (3.2.12)$$

luego, de la desigualdad de Young para $\varepsilon = \dfrac{1}{8(R^p+1)}$ se tiene

$$\|\partial_x u\|_{L^2} \leq \varepsilon\left\|\partial_x^3 u\right\|_{L^2} + C(\varepsilon)\|u\|_{L^2} \quad \text{y} \quad \|\partial_x v\|_{L^2} \leq \varepsilon\left\|\partial_x^3 v\right\|_{L^2} + C(\varepsilon)\|v\|_{L^2}.$$

Así tenemos las desigualdades

$$\|\partial_x u\|_{L^2} \leq \frac{1}{8(1+R^p)}\left\|\partial_x^3 u\right\|_{L^2} + C(\varepsilon)\|u\|_{L^2}$$

y

$$\|\partial_x v\|_{L^2} \leq \frac{1}{8(1+R^p)}\left\|\partial_x^3 v\right\|_{L^2} + C(\varepsilon)\|v\|_{L^2}.$$

Por lo tanto, en (3.2.11) resulta

$$\begin{aligned}
\|y^p\partial_x u + z^p\partial_x v\|_{L^2} &\leq R^p\left[\frac{1}{8(1+R^p)}\left\|\partial_x^3 u\right\|_{L^2} + C(\varepsilon)\|u\|_{L^2}\right] \\
&\quad + R^p\left[\frac{1}{8(1+R^p)}\left\|\partial_x^3 v\right\|_{L^2} + C(\varepsilon)\|v\|_{L^2}\right] \\
&\leq \frac{1}{8}\left[\left\|\partial_x^3 u\right\|_{L^2} + \left\|\partial_x^3 v\right\|_{L^2}\right] + R^pC(\varepsilon)\left[\|u\|_{L^2} + \|v\|_{L^2}\right]. \quad (3.2.13)
\end{aligned}$$

Análogamente,

$$\begin{aligned}
\left\|z^p\partial_x u + z^p\partial_x v + pyz^{p-1}\partial_x v\right\|_{L^2} &\leq \|z^p\partial_x u\|_{L^2} + \|z^p\partial_x v\|_{L^2} + \left\|pyz^{p-1}\partial_x v\right\|_{L^2} \\
&\leq \|z^p\|_{L^\infty}\|\partial_x u\|_{L^2} + \|z^p\|_{L^\infty}\|\partial_x v\|_{L^2} \\
&\quad + p\left\|yz^{p-1}\right\|_{L^\infty}\|\partial_x v\|_{L^2} \\
&\leq \|z\|_s^p\|\partial_x u\|_{L^2} + \left(\|z\|_s^p + p\|y\|_s\|z\|_s^{p-1}\right)\|\partial_x v\|_{L^2} \\
&\leq R^p\|\partial_x u\|_{L^2} + (1+p)R^p\|\partial_x v\|_{L^2} \\
&\leq (1+p)R^p(\|\partial_x u\|_{L^2} + \|\partial_x v\|_{L^2}), \quad (3.2.14)
\end{aligned}$$

nuevamente por la desigualdad de Young para $\varepsilon_1 = \dfrac{1}{8(N+1)}$ con $N = (1+p)R^p$ y reemplazando en (3.2.12)

$$\|\partial_x u\|_{L^2} \leq \varepsilon_1\left\|\partial_x^3 u\right\|_{L^2} + C(\varepsilon_1)\|u\|_{L^2} \quad \text{y} \quad \|\partial_x v\|_{L^2} \leq \varepsilon_1\left\|\partial_x^3 v\right\|_{L^2} + C(\varepsilon_1)\|v\|_{L^2}$$

luego en (3.2.14) se tiene

$$\begin{aligned}
\left\|z^p\partial_x u + z^p\partial_x v + pyz^{p-1}\partial_x v\right\|_{L^2} &\leq N\left(\varepsilon_1\left\|\partial_x^3 u\right\|_{L^2} + C(\varepsilon_1)\|u\|_{L^2}\right)\\
&\quad + N\left(\varepsilon_1\left\|\partial_x^3 v\right\|_{L^2} + C(\varepsilon_1)\|v\|_{L^2}\right)\\
&\leq N\left(\frac{1}{8(N+1)}\left\|\partial_x^3 u\right\|_{L^2} + C(\varepsilon_1)\|u\|_{L^2}\right)\\
&\quad + N\left(\frac{1}{8(N+1)}\left\|\partial_x^3 v\right\|_{L^2} + C(\varepsilon_1)\|v\|_{L^2}\right)\\
&\leq \frac{1}{8}\left(\left\|\partial_x^3 u\right\|_{L^2} + \left\|\partial_x^3 v\right\|_{L^2}\right) + NC(\varepsilon_1)\left(\|u\|_{L^2} + \|v\|_{L^2}\right)
\end{aligned} \tag{3.2.15}$$

ahora, sustituyendo (3.2.13) y (3.2.15) en (3.2.10) y usando la desigualdad

$$\|u\|_{L^2} + \|v\|_{L^2} \leq 2\|U\|_{\mathcal{L}^2}$$

obtenemos

$$\begin{aligned}
\|A_1(Z)U\|_{\mathcal{L}^2} &\leq \frac{1}{8}\left(\left\|\partial_x^3 u\right\|_{L^2} + \left\|\partial_x^3 v\right\|_{L^2}\right) + R^p C(\varepsilon)\left(\|u\|_{L^2} + \|v\|_{L^2}\right)\\
&\quad + \frac{1}{8}\left(\left\|\partial_x^3 u\right\|_{L^2} + \left\|\partial_x^3 v\right\|_{L^2}\right) + NC(\varepsilon_1)\left(\|u\|_{L^2} + \|v\|_{L^2}\right)\\
&\leq \frac{1}{4}\left(\left\|\partial_x^3 u\right\|_{L^2} + \left\|\partial_x^3 v\right\|_{L^2}\right) + \left(R^p C(\varepsilon) + NC(\varepsilon_1)\right)\left(\|u\|_{L^2} + \|v\|_{L^2}\right)\\
&\leq \frac{1}{4}\left(\left\|\partial_x^3 u\right\|_{L^2} + \left\|\partial_x^3 v\right\|_{L^2}\right) + \beta\left(\|u\|_{L^2} + \|v\|_{L^2}\right)\\
&\leq \frac{1}{2}\left\|\left(\partial_x^3 u, \partial_x^3 v\right)\right\|_{\mathcal{L}^2} + 2\beta\|(u,v)\|_{\mathcal{L}^2}\\
&= \frac{1}{2}\|A_0 U\|_{\mathcal{L}^2} + 2\beta\|U\|_{\mathcal{L}^2}
\end{aligned} \tag{3.2.16}$$

donde $\beta = R^p C(\varepsilon) + NC(\varepsilon_1)$ es una constante positiva. Finalmente, reemplazando (3.2.16) en (3.2.9) se obtiene

$$\begin{aligned}
\|A_1(Z)U - \omega U\|_{\mathcal{L}^2} &\leq \|A_1(Z)U\|_{\mathcal{L}^2} + \omega\|U\|_{\mathcal{L}^2}\\
&\leq \frac{1}{2}\|A_0 U\|_{\mathcal{L}^2} + 2\beta\|U\|_{\mathcal{L}^2} + \omega\|U\|_{\mathcal{L}^2}\\
&= \frac{1}{2}\|A_0 U\|_{\mathcal{L}^2} + (2\beta + \omega)\|U\|_{\mathcal{L}^2}\\
&= c_1\|A_0 U\|_{\mathcal{L}^2} + c_2\|U\|_{\mathcal{L}^2}
\end{aligned}$$

donde $c_1 = \frac{1}{2}$ y $c_2 = 2\beta + \omega$. Por lo tanto, $A_1(Z) - \omega I$ es A_0 acotado. End Proof

Teorema 3.7. *Para cada $Z \in W$, $-A(Z)$ es el generador de un semigrupo en $\mathcal{L}^2(\mathbf{R})$ de tipo $(1,\omega)$, donde $\omega \leq (\lambda + p\mu)R$.*

Prueba **Prueba.** Tenemos que A_0 es el generador de un semigrupo de contracciones en X, $A_1(Z) - \omega I$ es disipativo en X para todo $\omega \geq (\lambda + p\mu)R$, $\mathcal{D}(A_0) \subset \mathcal{D}(A_1(Z))$ y $A_1(Z) - \omega I$ es A_0 acotado. Entonces, por el teorema de perturbación de generadores B.12 dado en el apéndice de este trabajo, $A_0 + A_1(Z) - \omega I$ genera un semigrupo de contracciones en X. Por lo tanto, $-A(Z) = A_0 + A_1(Z)$ genera un semigrupo de tipo $(1,\omega)$ en X.

■

3.3. Hipótesis $A2$.

Para Z y U definimos

$$M_A(Z)U = \left(y^p u + z^p v, z^p u + z^p v + pyz^{p-1} v\right), \tag{3.3.17}$$

entonces

$$\begin{aligned} A_1(Z)U &= \left(-y^p \partial_x u - z^p \partial_x v, -z^p \partial_x u - z^p \partial_x v - pyz^{p-1}\partial_x v\right) \\ &= M_A(Z)(-\partial_x u, -\partial_x v) \\ &= M_A(Z)(-\partial_x U). \end{aligned} \tag{3.3.18}$$

Escribiremos para abreviar, M_A en lugar de $M_A(Z)$. Luego si $U \in \mathcal{S}(\mathbf{R}) \times \mathcal{S}(\mathbf{R})$ y usando que

$$\partial_x^k SU = S\partial_x^k U \text{ para } U \in \mathcal{S}(\mathbf{R}) \times \mathcal{S}(\mathbf{R}) \text{ y } k \in \mathbf{N},$$

obtenemos

$$\begin{aligned} [SA(Z) - A(Z)S]U &= [S(A_0 + A_1(Z)) - (A_0 + A_1(Z))S]U \\ &= S(A_0U + A_1(Z)U) - (A_0 + A_1(Z))SU \\ &= SA_0U + SA_1(Z)U - A_0SU - A_1(Z)SU. \end{aligned}$$

Pero

$$\begin{aligned} SA_0U - A_0SU &= \left(-J^s\partial_x^3 u - J^s\alpha\partial_x^3 v, -J^s\alpha\partial_x^3 u - J^s\partial_x^3 v\right) - \\ &\quad - \left(-\partial_x^3 J^s u - \alpha\partial_x^3 J^s v, -\alpha\partial_x^3 J^s u - \partial_x^3 J^s v\right) \\ &= \left(-J^s\partial_x^3 u + \partial_x^3 J^s u - J^s\alpha\partial_x^3 v + \alpha\partial_x^3 J^s v,\right. \\ &\quad \left. -J^s\alpha\partial_x^3 u + \alpha\partial_x^3 J^s u - J^s\partial_x^3 v + \partial_x^3 J^s v\right) \\ &= (0,0), \end{aligned}$$

entonces

$$\begin{aligned} [SA(Z) - A(Z)S]U &= SA_1(Z)U - A_1(Z)SU \\ &= SM_A(-\partial_x U) - M_A(-\partial_x U)S \\ &= SM_A(-\partial_x U) - M_A(-S\partial_x U) \\ &= [SM_A - M_AS](-\partial_x U). \end{aligned} \tag{3.3.19}$$

Sea M_a el operador de multiplicación tal que

$$M_a u(x) = a(x)u(x)$$

donde a es una función continua y acotada y $M_a \in \mathcal{B}(\mathcal{H}^s(\mathbf{R}))$.

Lema 3.8. *Para todo $u \in \mathcal{S}(\mathbf{R})$ se cumple que*

$$\|(J^sM_a - M_aJ^s)u\|_{L^2} \leq sc_s \|a\|_s \|u\|_{s-1}.$$

Prueba **Prueba.** Sea $u \in \mathcal{S}(\mathbf{R})$, entonces

$$[(J^sM_a - M_aJ^s)u]^\wedge(\xi) = \widehat{J^sM_au}(\xi) - \widehat{M_aJ^su}(\xi).$$

Pero

$$\widehat{M_a u}(\xi) = \widehat{au}(\xi) = (\widehat{a} * \widehat{u})(\xi)$$

para toda $u \in \mathcal{S}(\mathbf{R})$, luego

$$\begin{aligned}
[(J^s M_a - M_a J^s) u]^\wedge (\xi) &= \widehat{J^s M_a u}(\xi) - \widehat{M_a J^s u}(\xi) \\
&= (1+\xi^2)^{s/2} \widehat{M_a u}(\xi) - \widehat{M_a J^s u}(\xi) \\
&= (1+\xi^2)^{s/2} (\widehat{a} * \widehat{u})(\xi) - \left(\widehat{a} * \widehat{J^s u}\right)(\xi) \\
&= (1+\xi^2)^{s/2} \int_{\mathbf{R}} \widehat{a}(\xi-\eta)\,\widehat{u}(\eta)\,d\eta - \int_{\mathbf{R}} \widehat{a}(\xi-\eta)\,\widehat{J^s u}(\eta)\,d\eta \\
&= \int_{\mathbf{R}} (1+\xi^2)^{s/2} \widehat{a}(\xi-\eta)\,\widehat{u}(\eta)\,d\eta - \int_{\mathbf{R}} (1+\eta^2)^{s/2} \widehat{a}(\xi-\eta)\,\widehat{u}(\eta)\,d\eta \\
&= \int_{\mathbf{R}} \left[(1+\xi^2)^{s/2} - (1+\eta^2)^{s/2}\right] \widehat{a}(\xi-\eta)\widehat{u}(\eta)\,d\eta. \qquad (3.3.20)
\end{aligned}$$

Por la proposición 1.2 tenemos

$$\left|(1+\xi^2)^{s/2} - (1+\eta^2)^{s/2}\right| \leq s\left[(1+\xi^2)^{(s-1)/2} + (1+\eta^2)^{(s-1)/2}\right] |\xi-\eta|. \qquad (3.3.21)$$

Luego, si hacemos $\widehat{g}(\xi) = |\xi|\,|\widehat{a}(\xi)|$ y sustituimos (3.3.21) en (3.3.20) obtenemos

$$\begin{aligned}
\left|[(J^s M_a - M_a J^s) u]^\wedge (\xi)\right| &\leq s \int_{\mathbf{R}} \left[(1+\xi^2)^{(s-1)/2} + (1+\eta^2)^{(s-1)/2}\right] \widehat{g}(\xi-\eta)\,|\widehat{u}(\eta)|\,d\eta \\
&= \int_{\mathbf{R}} (1+\xi^2)^{(s-1)/2} \widehat{g}(\xi-\eta)\,|\widehat{u}(\eta)|\,d\eta \\
&\quad + \int_{\mathbf{R}} (1+\eta^2)^{(s-1)/2} \widehat{g}(\xi-\eta)\,|\widehat{u}(\eta)|\,d\eta \\
&= sI_1(\xi) + sI_2(\xi), \qquad (3.3.22)
\end{aligned}$$

ahora calculando las integrales

$$I_1(\xi) = \int_{\mathbf{R}} (1+\xi^2)^{(s-1)/2} \widehat{g}(\xi-\eta)\,|\widehat{u}(\eta)|\,d\eta,$$

$$I_2(\xi) = \int_{\mathbf{R}} (1+\eta^2)^{(s-1)/2} \widehat{g}(\xi-\eta)\,|\widehat{u}(\eta)|\,d\eta$$

y haciendo $\widehat{f_1}(\eta) = |\widehat{u}(\eta)|$, se tiene que

$$\begin{aligned}
I_1(\xi) &= (1+\xi^2)^{(s-1)/2} \int_{\mathbf{R}} \widehat{g}(\xi-\eta)\,\widehat{f_1}(\eta)\,d\eta \\
&= (1+\xi^2)^{(s-1)/2} \left(\widehat{g} * \widehat{f_1}\right)(\xi) \\
&= (1+\xi^2)^{(s-1)/2} \widehat{gf_1}(\xi).
\end{aligned}$$

Luego

$$\|I_1\|_{L^2}^2 = \int_{\mathbf{R}} (1+\xi^2)^{s-1} \left|\widehat{gf_1}(\xi)\right|^2 d\xi = \|gf_1\|_{s-1}^2 \leq c_{s-1}^2 \|g\|_{s-1}^2 \|f_1\|_{s-1}^2$$

pues $H^{s-1}(\mathbf{R})$ es un álgebra dado que $s-1 \geq 2$. Pero,

$$\|f_1\|_{s-1}^2 = \int_{\mathbf{R}} (1+\xi^2)^{s-1} \left|\widehat{f_1}(\xi)\right|^2 d\xi = \int_{\mathbf{R}} (1+\xi^2)^{s-1} |\widehat{u}(\xi)|^2 d\xi = \|u\|_{s-1}^2$$

y

$$\|g\|_{s-1}^2 = \int_{\mathbf{R}} \left(1+\xi^2\right)^{s-1} |\widehat{g}(\xi)|^2 \, d\xi \leq \int_{\mathbf{R}} \left(1+\xi^2\right)^{s} |\widehat{a}(\xi)|^2 \, d\xi = \|a\|_s^2 .$$

Por tanto,

$$\|I_1\|_{L^2} \leq c_{s-1} \|a\|_s \|u\|_{s-1} . \tag{3.3.23}$$

En forma análoga, calculamos $I_2(\xi)$ con la sustitución $\widehat{f_2}(\eta) = \left(1+\eta^2\right)^{(s-1)/2} |\widehat{u}(\eta)|$, luego

$$I_2(\xi) = \int_{\mathbf{R}} \widehat{g}(\xi-\eta) \widehat{f_2}(\eta) \, d\eta = \left(\widehat{g} * \widehat{f_2}\right)(\xi)$$

y por la desigualdad de Young, tenemos

$$\|I_2\|_{L^2} = \left\|\widehat{g} * \widehat{f_2}\right\|_{L^2} \leq \|\widehat{g}\|_{L^1} \left\|\widehat{f_2}\right\|_{L^2}$$

en donde

$$\left\|\widehat{f_2}\right\|_{L^2}^2 = \int_{\mathbf{R}} \left(1+\xi^2\right)^{s-1} |\widehat{u}(\xi)|^2 \, d\xi = \|u\|_{s-1}^2$$

y

$$\begin{aligned}
\|\widehat{g}\|_{L^1} &= \int_{\mathbf{R}} |\widehat{g}(\xi)| \, d\xi = \int_{\mathbf{R}} |\xi| \, |\widehat{a}(\xi)| \, d\xi \\
&= \int_{\mathbf{R}} |\xi| \frac{\left(1+\xi^2\right)^{1/2}}{\left(1+\xi^2\right)^{1/2}} |\widehat{a}(\xi)| \, d\xi \\
&\leq \left(\int_{\mathbf{R}} \xi^2 \left(1+\xi^2\right) |\widehat{a}(\xi)|^2 \, d\xi\right)^{1/2} \left(\int_{\mathbf{R}} \frac{d\xi}{\left(1+\xi^2\right)^{1/2}}\right)^{1/2} \\
&\leq \pi \|a\|_2 ,
\end{aligned}$$

luego

$$\|I_2\|_{L^2} \leq \pi \|a\|_2 \|u\|_{s-1} \leq \pi \|a\|_s \|u\|_{s-1} . \tag{3.3.24}$$

Por lo tanto, de (3.3.22), (3.3.23) y (3.3.24) obtenemos que

$$\|(J^s M_a - M_a J^s) u\|_{L^2} = \left\|[(J^s M_a - M_a J^s) u]^\wedge\right\|_{L^2} \leq s c_s \|a\|_s \|u\|_{s-1} .$$

■

Proposición 3.9. *Para todo $U \in \mathcal{S}(\mathbf{R}) \times \mathcal{S}(\mathbf{R})$ se cumple que*

$$\|[SA(Z) - A(Z)S] U\|_{\mathcal{L}^2} \leq 2sC_s \|M_A\|_s \|U\|_{s\times s} .$$

Prueba **Prueba.** De (3.3.17) y (3.3.18) se tiene

$$\begin{aligned}
(SM_A - M_A S) U &= SM_A U - M_A SU \\
&= \left(J^s y^p u + J^s z^p v, J^s z^p u + J^s z^p v + J^s pyz^{p-1} v\right) - \\
&\quad \left(y^p J^s u + z^p J^s v, z^p J^s u + z^p J^s v + pyz^{p-1} J^s v\right) \\
&= \left((J^s y^p - y^p J^s) u + (J^s z^p - z^p J^s) v \right., \\
&\quad \left.(J^s z^p - z^p J^s) u + \left[J^s \left(z^p + pyz^{p-1}\right) - \left(z^p + pyz^{p-1}\right) J^s\right] v\right) .
\end{aligned}$$

Luego, por la desigualdad triangular de la norma en L^2,

$$\begin{aligned}
\|(SM_A - M_A S) U\|_{\mathcal{L}^2} &= \|(J^s y^p - y^p J^s) u + (J^s z^p - z^p J^s) v\|_{L^2} \\
&\quad + \left\|(J^s z^p - z^p J^s) u + \left[J^s \left(z^p + pyz^{p-1}\right) - \left(z^p + pyz^{p-1}\right) J^s\right] v\right\|_{L^2} \\
&\leq \|(J^s y^p - y^p J^s) u\|_{L^2} + \|(J^s z^p - z^p J^s) v\|_{L^2} + \|(J^s z^p - z^p J^s) u\|_{L^2} \\
&\quad + \left\|\left[J^s \left(z^p + pyz^{p-1}\right) - \left(z^p + pyz^{p-1}\right) J^s\right] v\right\|_{L^2} .
\end{aligned} \tag{3.3.25}$$

Por el lema 3.8 y teniendo en cuenta que $\|y^p\|_s \leq R^p$ tenemos los siguientes estimados para cada uno de los términos en (3.3.25)

$$\|(J^s y^p - y^p J^s)\, u\|_{L^2} \leq sC_s \|y^p\|_s \|u\|_{s-1} \leq sC_s R^p \|u\|_{s-1}, \tag{3.3.26}$$

$$\begin{aligned} \|(J^s z^p - z^p J^s)\, v\|_{L^2} &\leq sC_s \|z^p\|_s \|v\|_{s-1} \leq sC_s R^p \|v\|_{s-1}, \\ \|(J^s z^p - z^p J^s)\, u\|_{L^2} &\leq sC_s \|z^p\|_s \|u\|_{s-1} \leq sC_s R^p \|u\|_{s-1} \end{aligned} \tag{3.3.27}$$

y

$$\begin{aligned} \left\|\left[J^s\left(z^p + pyz^{p-1}\right) - \left(z^p + pyz^{p-1}\right) J^s\right] v\right\|_{L^2} &\leq sC_s \left\|z^p + pyz^{p-1}\right\|_s \|v\|_{s-1} \\ &\leq sC_s \left(\|z^p\|_s + p\left\|yz^{p-1}\right\|_s\right) \|v\|_{s-1} \\ &\leq sC_s(1+p)R^p \|v\|_{s-1}, \end{aligned} \tag{3.3.28}$$

reemplazando (3.3.26) al (3.3.28)en (3.3.25), simplificando y usando la equivalencia

$$\|u\|_{s-1} + \|v\|_{s-1} \leq 2\left(\|u\|_{s-1}^2 + \|v\|_{s-1}^2\right)^{1/2} = 2\,\|U\|_{(s-1)\times(s-1)}$$

tenemos

$$\begin{aligned} \|(SM_A - M_A S)\, U\|_{\mathcal{L}^2} &\leq sC_s \|y^p\|_s \|u\|_{s-1} + sC_s \|z^p\|_s \|v\|_{s-1} \\ &\quad + sC_s \|z^p\|_s \|u\|_{s-1} + sC_s \left\|z^p + pyz^{p-1}\right\|_s \|v\|_{s-1} \\ &= sC_s \left(\|y^p\|_s + \|z^p\|_s\right) \|u\|_{s-1} \\ &\quad + sC_s \left(\|z^p\|_s + \left\|z^p + pyz^{p-1}\right\|_s\right) \|v\|_{s-1} \\ &\leq sC_s \left(\|y^p\|_s + 2\|z^p\|_s + \left\|z^p + pyz^{p-1}\right\|_s\right) \|u\|_{s-1} \\ &\quad + sC_s \left(\|y^p\|_s + 2\|z^p\|_s + \left\|z^p + pyz^{p-1}\right\|_s\right) \|v\|_{s-1} \\ &\leq sC_s \|M_A\|_s \left(\|u\|_{s-1} + \|v\|_{s-1}\right) \\ &\leq sc_s \|M_A\|_{s\times s} \|U\|_{(s-1)\times(s-1)}. \end{aligned}$$

Por tanto, de (3.3.19) obtenemos

$$\|[SA(Z) - A(Z)\, S]\, U\|_{\mathcal{L}^2} \leq \|[(SM_A - M_A S)\, U]\, (-\partial_x U)\|_{\mathcal{L}^2} \leq 2sC_s \|M_A\|_s \|U\|_{s\times s}$$

para todo $U \in \mathcal{S}(\mathbf{R}) \times \mathcal{S}(\mathbf{R})$.

■

Ahora para cada $Z \in W$, definimos el operador lineal $\widetilde{B}(Z)$ por

$$\begin{cases} D\left(\widetilde{B}(Z)\right) = \mathcal{S}(\mathbf{R}) \times \mathcal{S}(\mathbf{R}) \\ \widetilde{B}(Z)\, U = [SA(Z) - A(Z)\, S]\, S^{-1} U. \end{cases}$$

Entonces, para todo $U \in \mathcal{S}(\mathbf{R}) \times \mathcal{S}(\mathbf{R})$ tenemos por la proposición 3.9 que

$$\left\|\widetilde{B}(Z)\, U\right\|_{\mathcal{L}^2} \leq 2sC_s \|M_A\|_s \left\|S^{-1}U\right\|_{s\times s} \leq 2sC_s \|M_A\|_s \|U\|_{\mathcal{L}^2}.$$

Así, $\widetilde{B}(Z)$ es un operador lineal acotado. Como $\mathcal{S}(\mathbf{R}) \times \mathcal{S}(\mathbf{R})$ es denso en $\mathcal{L}^2(\mathbf{R})$, extendemos $\widetilde{B}(Z)$ a $\mathcal{L}^2(\mathbf{R})$ por continuidad y obtenemos el operador lineal $B(Z) \in \mathcal{B}\left(\mathcal{L}^2(\mathbf{R})\right)$ tal que

$$\|B(Z)\|_{\mathcal{B}(\mathcal{L}^2(\mathbf{R}))} \leq 2sC_s \|M_A\|_s = \lambda_1$$

para todo $Z \in W$.

Proposición 3.10. *Para cada $Z \in W$ tenemos que $\mathcal{D}\left(SA(Z)S^{-1}\right) = \mathcal{D}(A(Z))$ y*

$$SA(Z)S^{-1} = A(Z) + B(Z).$$

Prueba **Prueba.** Sea $Z \in W$, $U \in \mathcal{D}(A(Z)) = \mathcal{H}^3(\mathbf{R})$ y $\{U_n\}_{n\in\mathbf{N}}$ una sucesión en $\mathcal{S}(\mathbf{R}) \times \mathcal{S}(\mathbf{R})$ tal que $U_n \to U$ en $\mathcal{H}^3(\mathbf{R})$. Entonces

$$A(Z)S^{-1}U_n = S^{-1}\left[A(Z)U_n + \widetilde{B}(Z)U_n\right] \tag{3.3.29}$$

y por la densidad de $\mathcal{S}(\mathbf{R}) \times \mathcal{S}(\mathbf{R})$ en $\mathcal{H}^3(\mathbf{R})$ se tiene que $B(Z)U = \lim_{n\to\infty} \widetilde{B}(Z)U_n$. Además, $S^{-1}U = \lim_{n\to\infty} S^{-1}U_n$ esta en $\mathcal{L}^2(\mathbf{R})$ y como $A(Z)$ es un operador cerrado tenemos que $S^{-1}U \in \mathcal{D}(A(Z))$ y

$$A(Z)S^{-1}U_n \overset{\mathcal{L}^2(\mathbf{R})}{\longrightarrow} A(Z)S^{-1}U \text{ cuando } n \to \infty. \tag{3.3.30}$$

Entonces tenemos la siguiente afirmación

$$A(Z)S^{-1}U_n \overset{\mathcal{L}^2(\mathbf{R})}{\longrightarrow} S^{-1}[A(Z)U + B(Z)U] \text{ cuando } n \to \infty, \tag{3.3.31}$$

pues,

$$\left\|A(Z)S^{-1}U_n - S^{-1}[A(Z)U + B(Z)U]\right\|_{\mathcal{L}^2} \longrightarrow 0 \text{ cuando } n \to \infty$$

y por (3.3.29) se cumple la afirmación. Luego, por la unicidad del límite en (3.3.30) y (3.3.31) tenemos la siguiente igualdad

$$A(Z)S^{-1}U = S^{-1}[A(Z)U + B(Z)U] \in H^s(\mathbf{R}) \times H^s(\mathbf{R}).$$

Entonces $U \in \mathcal{D}\left(SA(Z)S^{-1}\right)$ y

$$SA(Z)S^{-1} = A(Z) + B(Z),$$

esto prueba que $SA(Z)S^{-1}$ es una extensión de $A(Z) + B(Z)$. Además, si $\lambda > \omega$ entonces $\lambda \in \rho(A(Z))$ y

$$S[A(Z) - \lambda I]S^{-1}U = A(Z)U + B(Z)U - \lambda U \quad \text{para } U \in \mathcal{H}^3(\mathbf{R}).$$

Por lo tanto,

$$S[A(Z) - \lambda I]S^{-1} = A(Z) + B(Z) - \lambda I$$

de donde

$$SA(Z)S^{-1} = A(Z) + B(Z).$$

■

Proposición 3.11. *Existe $\mu_3 > 0$ tal que*

$$\|B(Z_1) - B(Z_2)\|_{\mathcal{B}}\left(\mathcal{L}^2(\mathbf{R})\right) \leq \mu_3 \|Z_1 - Z_2\|_{s\times s}$$

para cada $Z_1, Z_2 \in W$.

Prueba **Prueba.** En (3.3.19) se ha verificado que

$$B(Z) = [SA(Z) - A(Z)S]S^{-1} = [M_A S - SM_A]\partial_x S^{-1}$$

donde $M_A = M_A(Z)$. Entonces

$$\begin{aligned} B(Z_1) - B(Z_2) &= [(M_{A_1}S - SM_{A_1}) - (M_{A_2}S - SM_{A_2})]\,\partial_x S^{-1} \\ &= [S(M_{A_2} - M_{A_1}) - (M_{A_2} - M_{A_1})S]\,\partial_x S^{-1} \end{aligned}$$

y escribimos $M_{A_2} - M_{A_1} = M_{A_2 - A_1}$, luego

$$B(Z_1) - B(Z_2) = [SM_{A_2-A_1} - M_{A_2-A_1}S]\,\partial_x S^{-1}.$$

Ahora sea $U \in \mathcal{D}(B(Z)) = \mathcal{H}^1(\mathbf{R})$ entonces

$$\|(B(Z_1) - B(Z_2))U\|_{\mathcal{L}^2} = \left\|[SM_{A_2-A_1} - M_{A_2-A_1}S]\,\partial_x S^{-1}U\right\|_{\mathcal{L}^2}$$

y por la proposición 3.9 se sabe que

$$\|(B(Z_1) - B(Z_2))U\|_{\mathcal{L}^2} \leq sC_s \|M_{A_2-A_1}\|_{s\times s} \tag{3.3.32}$$

pero

$$\begin{aligned} \|M_{A_2-A_1}\|_{s\times s} &= \|M_{A_2} - M_{A_1}\|_{s\times s} \\ &= \|y_2^p - y_1^p\|_s + 2\|z_2^p - z_1^p\|_s + \left\|(z_2^p - z_1^p) + p\left(y_2 z_2^{p-1} - y_1 z_1^{p-1}\right)\right\|_s \\ &\leq \|y_2^p - y_1^p\|_s + 3\|z_2^p - z_1^p\|_s + p\left\|y_2 z_2^{p-1} - y_1 z_1^{p-1}\right\|_s . \end{aligned} \tag{3.3.33}$$

Estimando cada una de las normas en (3.3.33) y teniendo en cuenta que todo elemento $y \in W$, está acotado por el radio de la bola, es decir, $\|y\|_s < R$ obtenemos

$$\begin{aligned} \|y_2^p - y_1^p\|_s &= \left\|(y_2 - y_1)\left(y_2^{p-1} + y_2^{p-2}y_1 + \cdots + y_1^{p-1}\right)\right\|_s \\ &\leq \|y_2 - y_1\|_s \left(\left\|y_2^{p-1}\right\|_s + \left\|y_2^{p-2}y_1\right\|_s + \cdots + \left\|y_1^{p-1}\right\|_s\right) \\ &\leq pR^{p-1}\|y_2 - y_1\|_s , \end{aligned} \tag{3.3.34}$$

en forma similar se tiene que

$$\|z_2^p - z_1^p\|_s \leq pR^{p-1}\|z_2 - z_1\|_s . \tag{3.3.35}$$

Ahora estimando

$$\begin{aligned} \left\|y_2 z_2^{p-1} - y_1 z_1^{p-1}\right\|_s &= \left\|y_2 z_2^{p-1} - y_1 z_2^{p-1} + y_1 z_2^{p-1} - y_1 z_1^{p-1}\right\|_s \\ &= \left\|(y_2 - y_1) z_2^{p-1} + y_1\left(z_2^{p-1} - z_1^{p-1}\right)\right\|_s \\ &\leq \|y_2 - y_1\|_s \left\|z_2^{p-1}\right\|_s + \\ &\quad \|z_2 - z_1\|_s \|y_1\|_s \left\|z_2^{p-2} + z_2^{p-3}z_1 + \cdots + z_1^{p-2}\right\|_s \end{aligned} \tag{3.3.36}$$

donde

$$\left\|z_2^{p-1}\right\|_s < R^{p-1}$$

y

$$\begin{aligned} \|y_1\|_s \left\|z_2^{p-2} + z_2^{p-3}z_1 + \cdots + z_1^{p-2}\right\|_s &\leq \|y_1\|_s \left(\left\|z_2^{p-2}\right\|_s + \left\|z_2^{p-3}z_1\right\|_s + \cdots + \left\|z_1^{p-2}\right\|_s\right) \\ &\leq R\left((p-1)R^{p-2}\right) = (p-1)R^{p-1}, \end{aligned}$$

luego en (3.3.36) se tiene que

$$\left\|y_2 z_2^{p-1} - y_1 z_1^{p-1}\right\|_s \leq (\|y_2 - y_1\|_s + \|z_2 - z_1\|_s)\left(R^{p-1} + (p-1)R^{p-1}\right). \tag{3.3.37}$$

Ahora reemplazando (3.3.34), (3.3.35) y (3.3.37)en (3.3.33) se obtiene

$$\begin{aligned} \|M_{A_2-A_1}\|_s &\leq pR^{p-1}\|y_2 - y_1\|_s + 3pR^{p-1}\|z_2 - z_1\|_s + \\ &\quad p(\|y_2 - y_1\|_s + \|z_2 - z_1\|_s)\left[R^{p-1} + (p-1)R^{p-1}\right] \\ &\leq \left[pR^{p-1} + 3pR^{p-1} + pR^{p-1} + p(p-1)R^{p-1}\right](\|y_2 - y_1\|_s + \|z_2 - z_1\|_s) \\ &= \left[p(5 + (p-1))R^{p-1}\right]\|Z_2 - Z_1\|_{s\times s} \\ &\leq 5p(p-1)R^{p-1}\|Z_2 - Z_1\|_{s\times s}. \end{aligned} \tag{3.3.38}$$

Finalmente, reemplazando (3.3.38) en (3.3.32) se tiene la prueba de la proposición

$$\begin{aligned} \|B(Z_1) - B(Z_2)\|_{\mathcal{B}}\left(\mathcal{L}^2(\mathbf{R})\right) &\leq sC_s 5p(p-1)R^{p-1}\|Z_2 - Z_1\|_{s\times s} \\ &\leq \mu_3\|Z_2 - Z_1\|_{s\times s} \end{aligned}$$

donde $\mu_3 = sC_s 5p(p-1)R^{p-1}$.

■

3.4. Hipótesis $A3$.

Vamos a probar la siguiente proposición.

Proposición 3.12. *Para cada $Z \in W$, $\mathcal{D}(A(Z)) \supseteq \mathcal{H}^s(\mathbf{R})$, $A(Z)$ es un operador lineal acotado de $\mathcal{H}^s(\mathbf{R})$ en $\mathcal{L}^2(\mathbf{R})$, y existe $\mu_1 > 0$ tal que*

$$\|A(Z_1) - A(Z_2)\|_{\mathcal{B}}\left(\mathcal{H}^s(\mathbf{R}), \mathcal{L}^2(\mathbf{R})\right) \leq \mu_1\|Z_1 - Z_2\|_{\mathcal{L}^2}$$

para todo $Z_1, Z_2 \in W$.

Prueba **Prueba.** Como $s \geq 3$ tenemos que $\mathcal{D}(A(Z)) = \mathcal{H}^3(\mathbf{R}) \supseteq \mathcal{H}^s(\mathbf{R})$ para cada $Z \in W$. Además, para $U \in \mathcal{H}^s(\mathbf{R})$ tenemos que

$$\begin{aligned} \|A(Z)U\|_{\mathcal{L}^2} &\leq \|A_0 U\|_{\mathcal{L}^2} + \|A_1(Z)U\|_{\mathcal{L}^2} \\ &\leq \|U\|_{s\times s} + \|M_A\|_{L^\infty}\|\partial_x U\|_{(s-1)\times(s-1)} \\ &\leq (1 + \|M_A\|_{L^\infty})\|U\|_{s\times s}, \end{aligned}$$

pues $\left\|\partial_x^3 U\right\|_{\mathcal{L}^2}$ y $\|\partial_x U\|_{\mathcal{L}^2}$ no son mayores que $\|U\|_{s\times s}$. Luego

$$\sup\left\{\|A(Z)U\|_{\mathcal{L}^2} : \|U\|_{s\times s} = 1\right\} \leq 1 + \|M_A\|_{L^\infty},$$

y por tanto $A(Z)$ es un operador lineal acotado de $\mathcal{H}^s(\mathbf{R})$ en $\mathcal{L}^2(\mathbf{R})$. Ahora si $Z_1, Z_2 \in W$ entonces para $U \in \mathcal{H}^s(\mathbf{R})$

$$A(Z_1)U - A(Z_2)U = A_1(Z_1)U - A_1(Z_2)U = [M_A(Z_1) - M_A(Z_2)]\partial_x U,$$

así

$$\begin{aligned} \|A(Z_1)U - A(Z_2)U\|_{\mathcal{L}^2} &\leq \|M_A(Z_1) - M_A(Z_2)\|_{\mathcal{L}^2}\|\partial_x U\|_{(s-1)\times(s-1)} \\ &\leq \|M_A(Z_1) - M_A(Z_2)\|_{\mathcal{L}^2}\|U\|_s. \end{aligned} \tag{3.4.39}$$

Estimando

$$\begin{aligned}\left\|M_A(Z_1)-M_A(Z_2)\right\|_s &= \left\|y_2^p-y_1^p\right\|_s+2\left\|z_2^p-z_1^p\right\|_s\\ &+\left\|\left(z_2^p-z_1^p\right)+p\left(y_2z_2^{p-1}-y_1z_1^{p-1}\right)\right\|_s\end{aligned}$$

además, se han hecho ya los estimados para cada una de las normas en (3.3.34) al (3.3.38) y sustituyendo en (3.4.39) se tiene

$$\left\|A(Z_1)U-A(Z_2)U\right\|_{\mathcal{L}^2}\leq 5p(p-1)R^{p-1}\left\|Z_2-Z_1\right\|_{\mathcal{L}^2}\left\|U\right\|_s.$$

Por lo tanto,

$$\left\|A(Z_1)-A(Z_2)\right\|_{\mathcal{B}}\left(\mathcal{H}^s(\mathbf{R}),\mathcal{L}^2(\mathbf{R})\right)\leq\mu_1\left\|Z_2-Z_1\right\|_{\mathcal{L}^2}$$

donde $\mu_1=5p(p-1)R^{p-1}$.

■

Capítulo 4

Existencia de solución global y su comportamiento asintótico

En este capítulo demostraremos que la solución local del problema (0.0.2) con el dato inicial dado está acotada en $\mathcal{H}^s(\mathbf{R})$ con $s \geq 3$ también se demuestra que $\Psi(r)$ queda acotada para todo $r \geq 0$. Los estimados a priori junto con el teorema 4.1 muestran que la solución U existe globalmente y satisface el decaimiento deseado, es decir,

$$\sup_{t\in[0,\infty[} (1+t)^{1/3} \|U(t)\|_{\mathcal{H}_1^3} < +\infty. \tag{4.0.1}$$

y que ésta puede ser extendida a un intervalo $[0,\infty[$ y el comportamiento asintótico de la solución global en el tiempo está dada por (4.0.1).

Teorema 4.1. *Sea U la solución local del sistema (3.0.1) con la condición inicial $U_0 \in \mathcal{H}^s(\mathbf{R})$ con $s \geq 3$, obtenida del teorema 3.1. Supongamos que $s \geq 3$ y $p \geq 2$, entonces para cualquier k con $3 \leq k \leq s$,*

$$\sup_{t\in[0,T]} \|U(t)\|_{k\times k} \leq C \|U_0\|_{k\times k} \exp\left(C\int_0^T \Psi(r)\,dr\right) \tag{4.0.2}$$

donde

$$\Psi(r) = \|u\|_{L^\infty}^{p-1}\|\partial_x u\|_{L^\infty} + \|v\|_{L^\infty}^{p-1}\|\partial_x v\|_{L^\infty} + \|v\|_{L^\infty}^{p-1}\|\partial_x u\|_{L^\infty} + \|v\|_{L^\infty}^{p-2}\|\partial_x v\|_{L^\infty}\|u\|_{L^\infty}. \tag{4.0.3}$$

Prueba **Prueba.** El teorema 3.1 implica que los cálculos (formales) que siguen pueden ser justificados si $3 \leq k \leq s$ regularizando el dato inicial, haciendo los cálculos para las funciones suaves asociadas y luego pasando al límite. Este procedimiento no lo haremos aquí.

Probemos (4.0.2) usando los resultados sobre conmutadores mencionados en la proposición 1.6. Aplicando el operador J^k a las dos ecuaciones del sistema (0.0.2) tenemos que

$$J^k\left(\partial_t u + \partial_x^3 u + \alpha\partial_x^3 v + u^p\partial_x u + v^p\partial_x v\right) = 0$$

y

$$J^k\left(\partial_t v + \partial_x^3 v + \alpha\partial_x^3 u + v^p\partial_x v + \partial_x(uv^p)\right) = 0,$$

luego aplicamos la propiedad $[J^s; f]\,g = J^s(fg) - fJ^s g$ en ambas ecuaciones del sistema (0.0.2) para obtener

$$\partial_t J^k u + \partial_x^3 J^k u + \alpha\partial_x^3 J^k v + \left[J^k; u^p\right]\partial_x u + u^p J^k\partial_x u + \left[J^k; v^p\right]\partial_x v + v^p J^k\partial_x v = 0 \tag{4.0.4}$$

y

$$\begin{aligned}\partial_t J^k v + \partial_x^3 J^k v + \alpha\partial_x^3 J^k u + \left[J^k; v^p\right]\partial_x v + v^p\partial_x J^k v + \left[J^k; v^p\right]\partial_x u \\ + v^p\partial_x J^k u + p\left[J^k; v^{p-1}u\right]\partial_x v + p v^{p-1} u\partial_x J^k v = 0.\end{aligned} \tag{4.0.5}$$

Multiplicando a (4.0.4) por $J^k u$ e integrando sobre $\mathbf{R}$ se tiene que

$$\begin{aligned}\frac{1}{2}\partial_t \left\|J^k u\right\|_{L^2}^2 &= -\int_{\mathbf{R}} J^k u\partial_x^3 J^k u dx - \alpha\int_{\mathbf{R}} J^k u\partial_x^3 J^k v dx \\ &\quad -\int_{\mathbf{R}} \left[J^k; u^p\right]\partial_x u J^k u dx - \int_{\mathbf{R}} \left[J^k; v^p\right]\partial_x v J^k u dx \\ &\quad -\int_{\mathbf{R}} u^p\partial_x J^k u J^k u dx - \int_{\mathbf{R}} v^p\partial_x J^k v J^k u dx\end{aligned} \tag{4.0.6}$$

y en forma similar, multiplicando a (4.0.5) por $J^k v$ e integrando sobre $\mathbf{R}$ se tiene que

$$\begin{aligned}\frac{1}{2}\partial_t \left\|J^k v\right\|_{L^2}^2 &= -\int_{\mathbf{R}} J^k v\partial_x^3 J^k v dx - \alpha\int_{\mathbf{R}} J^k v\alpha\partial_x^3 J^k u dx \\ &\quad -\int_{\mathbf{R}} \left[J^k; v^p\right]\partial_x v J^k v dx - \int_{\mathbf{R}} \left[J^k; v^p\right]\partial_x u J^k v dx \\ &\quad -p\int_{\mathbf{R}} \left[J^k; v^{p-1}u\right]\partial_x v J^k v dx - \int_{\mathbf{R}} v^p\partial_x J^k v J^k v dx \\ &\quad -\int_{\mathbf{R}} v^p\partial_x J^k u J^k v dx - p\int_{\mathbf{R}} v^{p-1}u\partial_x J^k v J^k v dx\end{aligned} \tag{4.0.7}$$

luego, usando la propiedad

$$\int_{\mathbf{R}} J^k u\partial_x^3\left(J^k u\right) dx = \left\langle J^k u, \partial_x^3\left(J^k u\right)\right\rangle_{L^2} = -\left\langle \partial_x^3 J^k u, J^k u\right\rangle_{L^2} = -\int_{\mathbf{R}} \partial_x^3\left(J^k u\right) J^k u dx$$

se tiene que los términos

$$\int_{\mathbf{R}} J^k u\partial_x^3 J^k u dx = 0,$$

$$\int_{\mathbf{R}} J^k v\partial_x^3 J^k v dx = 0$$

y

$$\alpha\int_{\mathbf{R}} J^k u\partial_x^3 J^k v dx + \alpha\int_{\mathbf{R}} J^k v\partial_x^3 J^k u dx = 0.$$

Ahora sumando los términos de (4.0.6) y (4.0.7) y teniendo en cuenta las igualdades anteriores más el siguiente cálculo

$$\begin{aligned}\int_{\mathbf{R}} v^p\partial_x J^k v J^k u dx &= \int_{\mathbf{R}} v^p J^k u\partial_x J^k v dx \\ &= \left\langle v^p J^k u, \partial_x J^k v\right\rangle_{L^2} \\ &= -\left\langle \partial_x\left(v^p J^k u\right), J^k v\right\rangle_{L^2} \\ &= -\left\langle p v^{p-1}\partial_x v J^k u + v^p J^k\partial_x u, J^k v\right\rangle_{L^2} \\ &= -\left\langle p v^{p-1}\partial_x v J^k u, J^k v\right\rangle_{L^2} - \left\langle v^p J^k\partial_x u, J^k v\right\rangle_{L^2} \\ &= -p\int_{\mathbf{R}} v^{p-1}\partial_x v J^k u J^k v dx - \int_{\mathbf{R}} v^p J^k\partial_x u J^k v dx,\end{aligned}$$

obtenemos el siguiente resultado

$$\begin{aligned}
\frac{1}{2}\partial_t\left[\left\|J^k u\right\|_{L^2}^2+\left\|J^k v\right\|_{L^2}^2\right] &= -\int_{\mathbf{R}}\left[J^k;u^p\right]\partial_x u J^k u dx-\int_{\mathbf{R}}\left[J^k;v^p\right]\partial_x v J^k u dx \\
&\quad -\int_{\mathbf{R}}\left[J^k;v^p\right]\partial_x v J^k v dx-\int_{\mathbf{R}}\left[J^k;v^p\right]\partial_x u J^k v dx \\
&\quad -p\int_{\mathbf{R}}\left[J^k;v^{p-1}u\right]\partial_x v J^k v dx-\int_{\mathbf{R}} u^p\partial_x J^k u J^k u dx \\
&\quad -\int_{\mathbf{R}} v^p\partial_x J^k v J^k v dx-p\int_{\mathbf{R}} v^{p-1}u\partial_x J^k v J^k v dx \\
&\quad +p\int_{\mathbf{R}} v^{p-1}\partial_x v J^k u J^k v dx. \qquad (4.0.8)
\end{aligned}$$

Ahora, estimamos cada uno de los términos del lado derecho de (4.0.8) y las distintas constantes positivas serán denotadas por C, ellas pueden variar de línea a línea. Usando la desigualdad de Hölder y la proposición 1.6 se tiene que

$$\begin{aligned}
\left|\int_{\mathbf{R}}\left[J^k;u^p\right]\partial_x u J^k u dx\right| &\le \left\|\left[J^k;u^p\right]\partial_x u\right\|_{L^2}\left\|J^k u\right\|_{L^2} \\
&\le C\left(\left\|\partial_x u^p\right\|_{L^\infty}\left\|J^{k-1}\partial_x u\right\|_{L^2}+\left\|J^k u^p\right\|_{L^2}\left\|\partial_x u\right\|_{L^\infty}\right)\left\|J^k u\right\|_{L^2} \\
&\le C\left(p\left\|u\right\|_{L^\infty}^{p-1}\left\|\partial_x u\right\|_{L^\infty}\left\|\partial_x u\right\|_{k-1}+\left\|J^k u^p\right\|_{L^2}\left\|\partial_x u\right\|_{L^\infty}\right)\left\|u\right\|_k \\
&\le C\left\|u\right\|_{L^\infty}^{p-1}\left\|\partial_x u\right\|_{L^\infty}\left\|u\right\|_k^2 \\
&\quad +C\left\|J^k\left(u^{p-1}u\right)\right\|_{L^2}\left\|\partial_x u\right\|_{L^\infty}\left\|u\right\|_k, \qquad (4.0.9)
\end{aligned}$$

aplicando otra vez la proposición 1.6 a $\left\|J^k\left(u^{p-1}u\right)\right\|_{L^2}$ tenemos que el término

$$\begin{aligned}
\left\|J^k\left(u^{p-1}u\right)\right\|_{L^2}\left\|\partial_x u\right\|_{L^\infty}\left\|u\right\|_k &\le C\left(\left\|u\right\|_{L^\infty}^{p-1}\left\|J^k u\right\|_{L^2}+\left\|J^k u^{p-1}\right\|_{L^2}\left\|u\right\|_{L^\infty}\right)\left\|\partial_x u\right\|_{L^\infty}\left\|u\right\|_k \\
&\le C\left(\left\|u\right\|_{L^\infty}^{p-1}\left\|u\right\|_k+\left\|J^k u^{p-1}\right\|_{L^2}\left\|u\right\|_{L^\infty}\right)\left\|\partial_x u\right\|_{L^\infty}\left\|u\right\|_k \\
&\le C\left\|u\right\|_{L^\infty}^{p-1}\left\|\partial_x u\right\|_{L^\infty}\left\|u\right\|_k^2 \\
&\quad +C\left\|J^k\left(u^{p-2}u\right)\right\|_{L^2}\left\|u\right\|_{L^\infty}\left\|\partial_x u\right\|_{L^\infty}\left\|u\right\|_k
\end{aligned} \qquad (4.0.10)$$

nuevamente aplicando la proposición 1.6 a

$$\begin{aligned}
\left\|J^k\left(u^{p-2}u\right)\right\|_{L^2} &\le C\left(\left\|u\right\|_{L^\infty}^{p-2}\left\|J^k u\right\|_{L^2}+\left\|J^k u^{p-2}\right\|_{L^2}\left\|u\right\|_{L^\infty}\right) \\
&\le C\left(\left\|u\right\|_{L^\infty}^{p-2}\left\|u\right\|_k+\left\|J^k u^{p-2}\right\|_{L^2}\left\|u\right\|_{L^\infty}\right),
\end{aligned}$$

obtenemos que

$$\begin{aligned}
\left\|J^k\left(u^{p-2}u\right)\right\|_{L^2}\left\|u\right\|_{L^\infty}\left\|\partial_x u\right\|_{L^\infty}\left\|u\right\|_k &\le C\left\|u\right\|_{L^\infty}^{p-2}\left\|u\right\|_{L^\infty}\left\|\partial_x u\right\|_{L^\infty}\left\|u\right\|_k^2 \\
&\quad +C\left\|J^k u^{p-2}\right\|_{L^2}\left\|u\right\|_{L^\infty}^2\left\|\partial_x u\right\|_{L^\infty}\left\|u\right\|_k \\
&\le C\left\|u\right\|_{L^\infty}^{p-1}\left\|\partial_x u\right\|_{L^\infty}\left\|u\right\|_k^2 \\
&\quad +C\left\|J^k\left(u^{p-3}u\right)\right\|_{L^2}\left\|u\right\|_{L^\infty}^2\left\|\partial_x u\right\|_{L^\infty}\left\|u\right\|_k \qquad (4.0.11)
\end{aligned}$$

y así sucesivamente, repitiendo el procedimiento $p-1$-veces para los términos de la forma $\left\|J^k u^{p-r}\right\|_{L^2}$ donde $r=1,\ldots,p-1$, se tiene que (4.0.10) resulta

$$\left\|J^k\left(u^{p-1}u\right)\right\|_{L^2}\left\|\partial_x u\right\|_{L^\infty}\left\|u\right\|_k\le C\left\|u\right\|_{L^\infty}^{p-1}\left\|\partial_x u\right\|_{L^\infty}\left\|u\right\|_k^2, \qquad (4.0.12)$$

luego sustituyendo (4.0.12) en (4.0.9) tenemos

$$\left|\int_{\mathbf{R}} \left[J^k; u^p\right] \partial_x u J^k u dx\right| \leq C \|u\|_{L^\infty}^{p-1} \|\partial_x u\|_{L^\infty} \|u\|_k^2 . \tag{4.0.13}$$

En forma similar, se obtiene que el término

$$\left|\int_{\mathbf{R}} \left[J^k; v^p\right] \partial_x v J^k v dx\right| \leq C \|v\|_{L^\infty}^{p-1} \|\partial_x v\|_{L^\infty} \|v\|_k^2 . \tag{4.0.14}$$

Usando el procedimiento empleado para obtener (4.0.13) estimamos

$$\begin{aligned}
\left|\int_{\mathbf{R}} \left[J^k; v^p\right] \partial_x v J^k u dx\right| &\leq \int_{\mathbf{R}} \left|\left[J^k; v^p\right] \partial_x v J^k u\right| dx \\
&\leq \left\|\left[J^k; v^p\right] \partial_x v\right\|_{L^2} \left\|J^k u\right\|_{L^2} \\
&\leq C\left(\|\partial_x v^p\|_{L^\infty} \left\|J^{k-1}\partial_x v\right\|_{L^2} + \left\|J^k v^p\right\|_{L^2} \|\partial_x v\|_{L^\infty}\right) \|u\|_k \\
&\leq Cp \left\|v^{p-1}\right\|_{L^\infty} \|\partial_x v\|_{L^\infty} \|\partial_x v\|_{k-1} \|u\|_k \\
&\quad + C \left\|J^k v^p\right\|_{L^2} \|\partial_x v\|_{L^\infty} \|u\|_k \\
&\leq C \|v\|_{L^\infty}^{p-1} \|\partial_x v\|_{L^\infty} \|v\|_k \|u\|_k + C \left\|J^k v^p\right\|_{L^2} \|\partial_x v\|_{L^\infty} \|u\|_k
\end{aligned} \tag{4.0.15}$$

donde el término $\left\|J^k v^p\right\|_{L^2} \|\partial_x v\|_{L^\infty} \|u\|_k = \left\|J^k\left(v^{p-1}v\right)\right\|_{L^2} \|\partial_x v\|_{L^\infty} \|u\|_k$ se estima en forma similar a (4.0.10), (4.0.11) y (4.0.12) es decir,

$$\begin{aligned}
\left\|J^k\left(v^{p-1}v\right)\right\|_{L^2} \|\partial_x v\|_{L^\infty} \|u\|_k &\leq C\left(\|v\|_{L^\infty}^{p-1} \left\|J^k v\right\|_{L^2} + \left\|J^k v^{p-1}\right\|_{L^2} \|v\|_{L^\infty}\right) \|\partial_x v\|_{L^\infty} \|u\|_k \\
&\leq C \|v\|_{L^\infty}^{p-1} \|\partial_x v\|_{L^\infty} \|v\|_k \|u\|_k \\
&\quad + C \left\|J^k\left(v^{p-2}v\right)\right\|_{L^2} \|v\|_{L^\infty} \|\partial_x v\|_{L^\infty} \|u\|_k \\
&\leq 2C \|v\|_{L^\infty}^{p-1} \|\partial_x v\|_{L^\infty} \|v\|_k \|u\|_k \\
&\quad + C \left\|J^k v^{p-2}\right\|_{L^2} \|v\|_{L^\infty}^2 \|\partial_x v\|_{L^\infty} \|u\|_k \\
&\leq C \|v\|_{L^\infty}^{p-1} \|\partial_x v\|_{L^\infty} \|v\|_k \|u\|_k
\end{aligned} \tag{4.0.16}$$

luego, reemplazando (4.0.16) en (4.0.15) obtenemos

$$\left|\int_{\mathbf{R}} \left[J^k; v^p\right] \partial_x v J^k u dx\right| \leq C \|v\|_{L^\infty}^{p-1} \|\partial_x v\|_{L^\infty} \|v\|_k \|u\|_k . \tag{4.0.17}$$

Análogamente al procedimiento anterior, estimamos

$$\begin{aligned}
\left|\int_{\mathbf{R}} \left[J^k; v^p\right] \partial_x u J^k v dx\right| &\leq \int_{\mathbf{R}} \left|\left[J^k; v^p\right] \partial_x u J^k v\right| dx \\
&\leq \left\|\left[J^k; v^p\right] \partial_x u\right\|_{L^2} \left\|J^k v\right\|_{L^2} \\
&\leq C\left(\|\partial_x v^p\|_{L^\infty} \left\|J^{k-1}\partial_x u\right\|_{L^2} + \left\|J^k v^p\right\|_{L^2} \|\partial_x u\|_{L^\infty}\right) \|v\|_k \\
&\leq C\left(p \|v\|_{L^\infty}^{p-1} \|\partial_x v\|_{L^\infty} \|\partial_x u\|_{k-1} + \left\|J^k v^p\right\|_{L^2} \|\partial_x u\|_{L^\infty}\right) \|v\|_k \\
&\leq C \|v\|_{L^\infty}^{p-1} \|\partial_x v\|_{L^\infty} \|u\|_k \|v\|_k \\
&\quad + \left\|J^k\left(v^{p-1}v\right)\right\|_{L^2} \|\partial_x u\|_{L^\infty} \|v\|_k
\end{aligned} \tag{4.0.18}$$

donde

$$
\begin{aligned}
\left\|J^k\left(v^{p-1}v\right)\right\|_{L^2}\|\partial_x u\|_{L^\infty}\|v\|_k &\leq C\left(\|v\|_{L^\infty}^{p-1}\left\|J^k v\right\|_{L^2}+\left\|J^k v^{p-1}\right\|_{L^2}\|v\|_{L^\infty}\right)\|\partial_x u\|_{L^\infty}\|v\|_k \\
&\leq C\left(\|v\|_{L^\infty}^{p-1}\|v\|_k+\left\|J^k v^{p-1}\right\|_{L^2}\|v\|_{L^\infty}\right)\|\partial_x u\|_{L^\infty}\|v\|_k \\
&\leq C\|v\|_{L^\infty}^{p-1}\|\partial_x u\|_{L^\infty}\|v\|_k^2+\left\|J^k v^{p-1}\right\|_{L^2}\|v\|_{L^\infty}\|\partial_x u\|_{L^\infty}\|v\|_k \\
&\leq C\|v\|_{L^\infty}^{p-1}\|\partial_x u\|_{L^\infty}\|v\|_k^2+C\|v\|_{L^\infty}^{p-2}\|v\|_{L^\infty}\|\partial_x u\|_{L^\infty}\|v\|_k^2 \\
&\quad +C\left\|J^k v^{p-2}\right\|_{L^2}\|v\|_{L^\infty}\|v\|_{L^\infty}\|\partial_x u\|_{L^\infty}\|v\|_k \\
&\leq C\|v\|_{L^\infty}^{p-1}\|\partial_x u\|_{L^\infty}\|v\|_k^2 \\
&\quad +C\left\|J^k v^{p-2}\right\|_{L^2}\|v\|_{L^\infty}^2\|\partial_x u\|_{L^\infty}\|v\|_k \\
&\leq C\|v\|_{L^\infty}^{p-1}\|\partial_x u\|_{L^\infty}\|v\|_k^2, \qquad (4.0.19)
\end{aligned}
$$

luego sustituyendo (4.0.19) en (4.0.18) se tiene que

$$
\left|\int_{\mathbf{R}}\left[J^k;v^p\right]\partial_x u J^k v dx\right| \leq C\|v\|_{L^\infty}^{p-1}\|\partial_x v\|_{L^\infty}\|u\|_k\|v\|_k+C\|v\|_{L^\infty}^{p-1}\|\partial_x u\|_{L^\infty}\|v\|_k^2; \qquad (4.0.20)
$$

y el término

$$
\begin{aligned}
\left|\int_{\mathbf{R}}\left[J^k;v^{p-1}u\right]\partial_x v J^k v dx\right| &\leq \left\|\left[J^k;v^{p-1}u\right]\partial_x v\right\|_{L^2}\left\|J^k v\right\|_{L^2} \\
&\leq C\left\|\partial_x\left(v^{p-1}u\right)\right\|_{L^\infty}\left\|J^{k-1}\partial_x v\right\|_{L^2}\|v\|_k \\
&\quad +C\left\|J^k\left(v^{p-1}u\right)\right\|_{L^2}\|\partial_x v\|_{L^\infty}\|v\|_k \\
&\leq C\left(\|v\|_{L^\infty}^{p-1}\|\partial_x u\|_{L^\infty}+(p-1)\|v\|_{L^\infty}^{p-2}\|u\|_{L^\infty}\|\partial_x v\|_{L^\infty}\right)\|v\|_k^2 \\
&\quad +C\left(\|v\|_{L^\infty}^{p-1}\left\|J^k u\right\|_{L^2}+\left\|J^k v^{p-1}\right\|_{L^2}\|u\|_{L^\infty}\right)\|\partial_x v\|_{L^\infty}\|v\|_k \\
&\leq C\|v\|_{L^\infty}^{p-1}\|\partial_x u\|_{L^\infty}\|v\|_k^2+C\|v\|_{L^\infty}^{p-2}\|u\|_{L^\infty}\|\partial_x v\|_{L^\infty}\|v\|_k^2 \\
&\quad +C\|v\|_{L^\infty}^{p-1}\|\partial_x v\|_{L^\infty}\|u\|_k\|v\|_k \qquad (4.0.21)
\end{aligned}
$$

donde

$$
\left\|J^k v^{p-1}\right\|_{L^2}\|u\|_{L^\infty}\|\partial_x v\|_{L^\infty}\|v\|_k \leq C\|v\|_{L^\infty}^{p-2}\|u\|_{L^\infty}\|\partial_x v\|_{L^\infty}\|v\|_k^2,
$$

los cálculos son similares a los obtenidos anteriormente.

Ahora, usamos la integración por partes para estimar el término

$$
\begin{aligned}
\left|\int_{\mathbf{R}}u^p\partial_x J^k u J^k u dx\right| &= \frac{1}{2}\left|\int_{\mathbf{R}}u^p\partial_x\left(J^k u\right)^2 dx\right| \\
&= \frac{1}{2}\left|u^p\left(J^k u\right)^2\Big|_{-\infty}^{+\infty}+p\int_{\mathbf{R}}u^{p-1}\partial_x u\left(J^k u\right)^2 dx\right| \\
&\leq \frac{p}{2}\int_{\mathbf{R}}\left|u^{p-1}\partial_x u\left(J^k u\right)^2\right|dx \\
&\leq \frac{p}{2}\int_{\mathbf{R}}\left\|u^{p-1}\partial_x u\right\|_{L^\infty}\left|J^k u\right|^2 dx \\
&\leq \frac{p}{2}\|u\|_{L^\infty}^{p-1}\|\partial_x u\|_{L^\infty}\left\|J^k u\right\|_{L^2}^2 \\
&\leq \frac{p}{2}\|u\|_{L^\infty}^{p-1}\|\partial_x u\|_{L^\infty}\|u\|_k^2, \qquad (4.0.22)
\end{aligned}
$$

en forma análoga estimamos

$$\left|\int_{\mathbf{R}} v^p \partial_x J^k v J^k v dx\right| \leq \frac{p}{2} \|v\|_{L^\infty}^{p-1} \|\partial_x v\|_{L^\infty} \|v\|_k^2, \tag{4.0.23}$$

$$\begin{aligned}
\left|\int_{\mathbf{R}} v^{p-1} u J^k \partial_x v J^k v dx\right| &= \frac{1}{2}\left|\int_{\mathbf{R}} v^{p-1} u \partial_x \left(J^k v\right)^2 dx\right| \\
&= \frac{1}{2}\left|v^{p-1} u \left(J^k v\right)^2\Big|_{-\infty}^{+\infty}\right| \\
&\quad + \frac{1}{2}\left|-\int_{\mathbf{R}} \left[(p-1) v^{p-2} u \partial_x v + v^{p-1}\partial_x u\right] \left(J^k v\right)^2 dx\right| \\
&\leq \frac{p-1}{2}\int_{\mathbf{R}} \left|v^{p-2} u \partial_x v \left(J^k v\right)^2\right| dx \\
&\quad + \frac{1}{2}\int_{\mathbf{R}} \left|v^{p-1}\partial_x u \left(J^k v\right)^2\right| dx \\
&\leq \frac{p-1}{2} \|v\|_{L^\infty}^{p-2} \|\partial_x v\|_{L^\infty} \|u\|_{L^\infty} \left\|J^k v\right\|_{L^2}^2 \\
&\quad + \frac{1}{2} \|v\|_{L^\infty}^{p-1} \|\partial_x u\|_{L^\infty} \left\|J^k v\right\|_{L^2}^2 \\
&\leq \frac{p-1}{2} \|v\|_{L^\infty}^{p-2} \|\partial_x v\|_{L^\infty} \|u\|_{L^\infty} \|v\|_k^2 \\
&\quad + \frac{1}{2} \|v\|_{L^\infty}^{p-1} \|\partial_x u\|_{L^\infty} \|v\|_k^2
\end{aligned} \tag{4.0.24}$$

y finalmente usamos la desigualdad de Hölder para estimar

$$\begin{aligned}
\left|\int_{\mathbf{R}} v^{p-1}\partial_x v J^k v J^k u dx\right| &\leq \int_{\mathbf{R}} \left|v^{p-1}\partial_x v J^k v J^k u\right| dx \\
&\leq \left\|v^{p-1}\partial_x v\right\|_{L^\infty} \int_{\mathbf{R}} \left|J^k v J^k u\right| dx \\
&\leq \left\|v^{p-1}\partial_x v\right\|_{L^\infty} \left\|J^k v\right\|_{L^2} \left\|J^k u\right\|_{L^2} \\
&\leq \|v\|_{L^\infty}^{p-1} \|\partial_x v\|_{L^\infty} \|v\|_k \|u\|_k .
\end{aligned} \tag{4.0.25}$$

Entonces usando todos los estimados obtenidos en (4.0.13) al (4.0.25) se tiene que (4.0.8) es equivalente a

$$\begin{aligned}
\frac{1}{2}\partial_t \left[\left\|J^k u\right\|_{L^2}^2 + \left\|J^k v\right\|_{L^2}^2\right] &\leq C\Big[\|u\|_{L^\infty}^{p-1} \|\partial_x u\|_{L^\infty} \|u\|_k^2 + \|v\|_{L^\infty}^{p-1} \|\partial_x v\|_{L^\infty} \|u\|_k \|v\|_k \\
&\quad + \|v\|_{L^\infty}^{p-1} \|\partial_x v\|_{L^\infty} \|v\|_k^2 + \|v\|_{L^\infty}^{p-1} \|\partial_x u\|_{L^\infty} \|v\|_k^2 \\
&\quad + \|v\|_{L^\infty}^{p-1} \|\partial_x u\|_{L^\infty} \|v\|_k^2 + \|v\|_{L^\infty}^{p-2} \|u\|_{L^\infty} \|\partial_x v\|_{L^\infty} \|v\|_k^2 \\
&\quad + \|v\|_{L^\infty}^{p-1} \|\partial_x v\|_{L^\infty} \|u\|_k \|v\|_k + \|u\|_{L^\infty}^{p-1} \|\partial_x u\|_{L^\infty} \|u\|_k^2 \\
&\quad + \|v\|_{L^\infty}^{p-1} \|\partial_x v\|_{L^\infty} \|v\|_k^2 + \|v\|_{L^\infty}^{p-2} \|\partial_x v\|_{L^\infty} \|u\|_{L^\infty} \|v\|_k^2 \\
&\quad + \|v\|_{L^\infty}^{p-1} \|\partial_x u\|_{L^\infty} \|v\|_k^2 + \|v\|_{L^\infty}^{p-1} \|\partial_x v\|_{L^\infty} \|v\|_k \|u\|_k\Big] \\
&\leq C\Psi(r)\left[\|u\|_k^2 + \|v\|_k^2\right]
\end{aligned} \tag{4.0.26}$$

donde

$$\begin{aligned}
\Psi(r) &= \|u\|_{L^\infty}^{p-1} \|\partial_x u\|_{L^\infty} + \|v\|_{L^\infty}^{p-1} \|\partial_x v\|_{L^\infty} \\
&\quad + \|v\|_{L^\infty}^{p-1} \|\partial_x u\|_{L^\infty} + \|v\|_{L^\infty}^{p-2} \|\partial_x v\|_{L^\infty} \|u\|_{L^\infty} .
\end{aligned}$$

Finalmente, integrando a (4.0.26) desde cero hasta $t \leq T$

$$\int_0^t \frac{1}{2}\partial_t \left[\|u\|_k^2 + \|v\|_k^2\right] dr \leq C \int_0^t \Psi(r) \left[\|u\|_k^2 + \|v\|_k^2\right] dr$$

se obtiene que

$$\|U(t)\|_{k\times k} \leq \|U_0\|_{k\times k} + C \int_0^t \Psi(r) \|U(r)\|_{k\times k} dr \tag{4.0.27}$$

y aplicando la desigualdad de Gronwall en (4.0.27) se tiene que

$$\|U(t)\|_{k\times k} \leq \|U_0\|_{k\times k} \exp\left(C \int_0^t \Psi(r)\, dr\right), \tag{4.0.28}$$

ahora tomamos el supremo en (4.0.28)

$$\sup_{t\in[0,T]} \|U(t)\|_{k\times k} \leq C \|U_0\|_{k\times k} \exp\left(C \int_0^T \Psi(r)\, dr\right)$$

con lo cual concluimos la prueba del teorema 4.1.

■

Para extender la solución local del sistema (3.0.1) obtenida en el capítulo anterior es suficiente demostrar que la función $\Psi(r)$ dada por (4.0.3) queda acotada para todo $r \geq 0$.

Antes, veamos la siguiente proposición.

Proposición 4.2. *Sea $u_0 \in S(\mathbf{R})$ y $E^{\pm}(t)\, u_0(x)$, entonces*

$$\left\|E^{\pm}(t)\, u_0\right\|_{L^\infty} \leq C t^{-1/3} \|u_0\|_{L^1}.$$

Prueba **Prueba.** Probaremos para $E^{+}(t)$. Tenemos

$$\begin{aligned} \left|E^{+}(t)\, u_0\right| &\leq \frac{1}{2\sqrt{2\pi}} \int_{\mathbf{R}} e^{i\left[\xi^3(1+\alpha)t+\xi x\right]} \left|\widehat{u_0}(\xi)\right| d\xi \\ &\leq \frac{1}{4\pi} \|u_0\|_{L^1} \int_{\mathbf{R}} e^{i\left[\xi^3(1+\alpha)t+\xi x\right]} d\xi \end{aligned}$$

pues $|\widehat{u}(\xi)| \leq (2\pi)^{-1} \|u\|_{L^1}$. Si u es solución de

$$\begin{cases} \partial_t u(x,t) + \partial_t^3 u(x,t) = 0 & x, t \in \mathbf{R} \\ u(x,0) = u_0(x) \end{cases}$$

entonces $u(x,t) = S_t(x) * u_0$ donde $S_t(x) = \frac{1}{\sqrt[3]{3t}} A_i\left(\frac{x}{\sqrt[3]{3t}}\right)$ y $A_i(x) = \int_{\mathbf{R}} e^{i\left(\xi x + \xi^3/3\right)} d\xi$ es la función de Airy. En nuestro caso, $E^{+}(t) = \frac{1}{2\sqrt{2\pi}} \int_{\mathbf{R}} e^{i\left[\xi^3(1+\alpha)t+\xi x\right]} d\xi$ haciendo el cambio de variable $\xi = \frac{\theta}{\sqrt[3]{3t(1+\alpha)}}$ tenemos que

$$\begin{aligned} S_t(x) &= \frac{1}{2\sqrt{2\pi}\sqrt[3]{3t(1+\alpha)}} \int_{\mathbf{R}} \exp\left[i\left(\theta\left(\frac{x}{\sqrt[3]{3t(1+\alpha)}}\right) + \frac{\theta^3}{3}\right)\right] d\theta \\ &= \frac{1}{2\sqrt{2\pi}\sqrt[3]{3t(1+\alpha)}} A_i\left(\frac{x}{\sqrt[3]{3t(1+\alpha)}}\right) \end{aligned}$$

donde $A_i(x) = \int_{\mathbf{R}} e^{i\left(\theta x + \frac{\theta^3}{3}\right)} d\theta$. Probemos que

$$|S_t(x)| \leq ct^{-1/3}.$$

En efecto,

$$\begin{aligned} |S_t(x)| &= t^{-1/3} \left| \frac{1}{2\sqrt{2\pi}\sqrt[3]{3(1+\alpha)}} \int_{\mathbf{R}} \exp\left[i \left(\frac{\theta}{\sqrt[3]{3(1+\alpha)}} \left(\frac{x}{\sqrt[3]{t}} \right) + \frac{\theta^3}{3} \right) \right] d\theta \right| \\ &= t^{-1/3} \left| S_1\left(\frac{x}{\sqrt[3]{t}} \right) \right|, \end{aligned}$$

aquí demostraremos el caso $t = 1$ es decir,

$$|S_1(x)| \leq c. \tag{4.0.29}$$

Definamos la función $\varphi_0 \in C^\infty(\mathbf{R})$ tal que $\varphi_0 \equiv 0$ donde $|\theta| < 1$, y $\varphi_0 \equiv 1$ para $|\theta| \geq 2$. Así para probar (4.0.29) es suficiente demostrar que

$$I(x) = \left| \int_{\mathbf{R}} e^{i(\theta x + \theta^3)} \varphi_0(x)\, d\theta \right| < c$$

para cualquier $x \in \mathbf{R}$. Si $x > 2$ la primera derivada de la función fase $\phi_x(\theta) = i\theta x + i\theta^3$ nunca se anula en el soporte de φ_0. Luego el resultado se obtiene por la integración por partes.

Si $x \leq -2$ elegimos φ_1 y $\varphi_2 \in C^\infty(\mathbf{R})$ tal que $\varphi_1 \geq 0$, $\varphi_2 \geq 0$, $\varphi_1 + \varphi_2 \equiv 1$, el soporte de φ_1 está contenido en

$$A = \left\{ |\theta| : \left| 3|\theta|^2 + x \right| \leq \frac{1}{2}|x| \right\},$$

y $\varphi_2 \equiv 0$ en

$$B = \left\{ |\theta| : \left| 3|\theta|^2 + x \right| \leq \frac{1}{3}|x| \right\}.$$

Así

$$I(x) \leq I_1(x) + I_2(x),$$

donde

$$I(x) = \left| \int_{\mathbf{R}} e^{i(\theta x + \theta^3)} \varphi_0(x)\, \varphi_j(x)\, d\theta \right|$$

para $j = 1, 2$. Cuando $\varphi_2(\theta) \neq 0$ tenemos $\left| 3|\theta|^2 + x \right| \geq c'\left(3|\theta|^2 + x \right)$. Por tanto por la integración por partes se demuestra que

$$I_2(x) = \left| c \int_{\mathbf{R}} \frac{1}{\left(3|\theta|^2 + x \right)} \varphi_0(\theta)\, \varphi_2(\theta) \frac{d}{d\theta} e^{i(\theta x + \theta^3)} d\theta \right| \leq c'.$$

Finalmente cuando $\theta \in A$ se sigue que $|\theta|^2 \sim |x|$. Por tanto $\left| (d^2/d\theta^2)\, \phi_x(\theta) \right| \geq c|x|^{1/2}$ y

$$I_1(x) = \left| \int_{\mathbf{R}} e^{i(\theta x + \theta^3)} \psi_x d\theta \right|$$

donde $\psi_x \in C_0^\infty(\mathbf{R})$, el soporte de $\psi_x \subseteq A \cap \{|\theta| > 1\}$ y $\int_{\mathbf{R}} \left| \psi_x'(\theta) \right| d\theta < c''$, donde c'' no depende de x. Para probar esto, observar que ψ' cambia de signo un número finito de veces independientemente de x. Usando la proposición 1.9 completamos la prueba.

■

Sabemos que si U es la solución del sistema no lineal (3.0.1) cuando el dato inicial es $U \in \mathcal{H}^s(\mathbf{R})$, $s \geq 3$, entonces

$$U(t) = W(t)U_0 + \int W(t-r)F(r)\,dr \tag{4.0.30}$$

donde

$$F(r) = (u^p\partial_x u + v^p\partial_x v, v^p\partial_x v + \partial_x(uv^p)). \tag{4.0.31}$$

Teorema 4.3. *Supongamos que en el problema (3.0.1), $|\alpha| < 1$ y $p \geq 1$ un número entero. Si $U_0 \in \mathcal{H}^3(\mathbf{R}) \cap \mathcal{H}^s(\mathbf{R})$ con $s \geq 4$, entonces*

$$\|W(t)U_0\|_{\mathcal{H}^3_\infty} \leq C\|U_0\|_{\mathcal{H}^3_1} t^{-1/3} \tag{4.0.32}$$

y

$$\|F(r)\|_{\mathcal{H}^3_1} \leq C\Big[\left\|u^{p-1}\right\|_{L^\infty}\|u\|_4^2 + \left\|v^{p-1}\right\|_{L^\infty}\|v\|_4^2 + \left\|v^{p-1}\right\|_{L^\infty}\|u\|_4\|v\|_4 + \left\|v^{p-2}\right\|_{L^\infty}\|u\|_4\|v\|_4^2\Big]. \tag{4.0.33}$$

Prueba **Prueba.** Sean $\lambda^+(\xi)$ y $\lambda^-(\xi)$ los autovalores de A_0 dados por (2.0.8), entonces por el teorema 2.2 A_0 genera un semigrupo de contracciones $\{W(t)\}_{t\geq 0}$ en $\mathcal{H}^s(\mathbf{R})$, $s \geq 0$. Observemos que la proposición 4.2 se cumple para $u_0 \in H^3_1(\mathbf{R}) \cap H^s(\mathbf{R})$. Luego por (2.0.14) se deduce que

$$\begin{aligned}
\|u(t)\|_{L^\infty} &\leq C\left[\left\|E^+(t)u_0\right\|_{L^\infty} + \left\|E^-(t)u_0\right\|_{L^\infty} + \left\|E^-(t)v_0\right\|_{L^\infty} + \left\|E^+(t)v_0\right\|_{L^\infty}\right] \\
&\leq C\left[t^{-1/3}\|u_0\|_{L^1} + t^{-1/3}\|u_0\|_{L^1} + t^{-1/3}\|v_0\|_{L^1} + t^{-1/3}\|v_0\|_{L^1}\right] \\
&\leq Ct^{-1/3}\left[\|u_0\|_{L^1} + \|v_0\|_{L^1}\right]
\end{aligned} \tag{4.0.34}$$

y en forma similar se tiene que

$$\|v(t)\|_{L^\infty} \leq Ct^{-1/3}(\|u_0\|_{L^1} + \|v_0\|_{L^1}). \tag{4.0.35}$$

Ahora consideremos la derivada con respecto a la variable espacial del sistema (2.0.1)

$$\begin{cases}
\partial_t(\partial_x u) + \partial_x^3(\partial_x u) + \alpha\partial_x^3(\partial_x v) = 0 \\
\partial_t(\partial_x v) + \partial_x^3(\partial_x v) + \alpha\partial_x^3(\partial_x u) = 0 \\
\partial_x u(x,0) = \partial_x u_0(x) \\
\partial_x v(x,0) = \partial_x v_0(x)
\end{cases} \tag{4.0.36}$$

y $(\partial_x u, \partial_x v)$ es la solución de (4.0.36). Cálculos similares a los obtenidos en (4.0.34) y (4.0.35) son válidos para $(\partial_x u, \partial_x v)$

$$\begin{cases}
\|\partial_x u(t)\|_{L^\infty} \leq C(\|\partial_x u_0\|_{L^1} + \|\partial_x v_0\|_{L^1})t^{-1/3} \\
\|\partial_x v(t)\|_{L^\infty} \leq C(\|\partial_x u_0\|_{L^1} + \|\partial_x v_0\|_{L^1})t^{-1/3}.
\end{cases} \tag{4.0.37}$$

En forma similar a (4.0.36) consideramos la segunda y tercera derivada con respecto a la variable espacial del problema (2.0.1) es decir,

$$\begin{cases}
\partial_t(\partial_x^2 u) + \partial_x^3(\partial_x^2 u) + \alpha\partial_x^3(\partial_x^2 v) = 0 \\
\partial_t(\partial_x^2 v) + \partial_x^3(\partial_x^2 v) + \alpha\partial_x^3(\partial_x^2 u) = 0 \\
\partial_x^2 u(x,0) = \partial_x^2 u_0(x) \\
\partial_x^2 v(x,0) = \partial_x^2 v_0(x)
\end{cases} \tag{4.0.38}$$

y

$$\begin{cases} \partial_t \left(\partial_x^3 u\right) + \partial_x^3 \left(\partial_x^3 u\right) + \alpha \partial_x^3 \left(\partial_x^3 v\right) = 0 \\ \partial_t \left(\partial_x^3 v\right) + \partial_x^3 \left(\partial_x^3 v\right) + \alpha \partial_x^3 \left(\partial_x^3 u\right) = 0 \\ \partial_x^3 u \left(x, 0\right) = \partial_x^3 u_0 \left(x\right) \\ \partial_x^3 v \left(x, 0\right) = \partial_x^3 v_0 \left(x\right) \end{cases} \tag{4.0.39}$$

luego $\left(\partial_x^2 u, \partial_x^2 v\right)$ y $\left(\partial_x^3 u, \partial_x^3 v\right)$ son las soluciones de (4.0.38) y (4.0.39) respectivamente. Además por el procedimiento similar a (4.0.34) y la proposición 4.2 se tienen las desigualdades

$$\begin{cases} \left\|\partial_x^2 u\left(t\right)\right\|_{L^\infty} \leq C\left(\left\|\partial_x^2 u_0\right\|_{L^1} + \left\|\partial_x^2 v_0\right\|_{L^1}\right) t^{-1/3} \\ \left\|\partial_x^2 v\left(t\right)\right\|_{L^\infty} \leq C\left(\left\|\partial_x^2 u_0\right\|_{L^1} + \left\|\partial_x^2 v_0\right\|_{L^1}\right) t^{-1/3} \end{cases} \tag{4.0.40}$$

y

$$\begin{cases} \left\|\partial_x^2 u\left(t\right)\right\|_{L^\infty} \leq C\left(\left\|\partial_x^2 u_0\right\|_{L^1} + \left\|\partial_x^2 v_0\right\|_{L^1}\right) t^{-1/3} \\ \left\|\partial_x^2 v\left(t\right)\right\|_{L^\infty} \leq C\left(\left\|\partial_x^2 u_0\right\|_{L^1} + \left\|\partial_x^2 v_0\right\|_{L^1}\right) t^{-1/3} \end{cases}. \tag{4.0.41}$$

Por el teorema 2.2 sabemos que $U\left(t\right) = W\left(t\right) U_0$ es la solución del sistema lineal (2.0.1) con el dato inicial U_0, tal que los estimados en (4.0.34), (4.0.35), (4.0.43), (4.0.40) y (4.0.41) nos dicen que

$$\begin{aligned} \left\|W\left(t\right) U_0\right\|_{\mathcal{H}_\infty^3} &= \left\|U\left(t\right)\right\|_{\mathcal{H}_\infty^3} \\ &= \left\|u\left(t\right)\right\|_{H_\infty^3} + \left\|v\left(t\right)\right\|_{H_\infty^3} \\ &= \left\|u\left(t\right)\right\|_{L^\infty} + \left\|\partial_x u\left(t\right)\right\|_{L^\infty} + \left\|\partial_x^2 u\left(t\right)\right\|_{L^\infty} + \left\|\partial_x^3 u\left(t\right)\right\|_{L^\infty} \\ &\quad + \left\|v\left(t\right)\right\|_{L^\infty} + \left\|\partial_x v\left(t\right)\right\|_{L^\infty} + \left\|\partial_x^2 v\left(t\right)\right\|_{L^\infty} + \left\|\partial_x^3 v\left(t\right)\right\|_{L^\infty} \\ &\leq C\left(\left\|u_0\right\|_{L^1} + \left\|\partial_x u_0\right\|_{L^1} + \left\|\partial_x^2 u_0\right\|_{L^1} + \left\|\partial_x^3 u_0\right\|_{L^1}\right) t^{-1/3} \\ &\quad + C\left(\left\|v_0\right\|_{L^1} + \left\|\partial_x v_0\right\|_{L^1} + \left\|\partial_x^2 v_0\right\|_{L^\infty} + \left\|\partial_x^3 v_0\right\|_{L^\infty}\right) t^{-1/3} \\ &\leq C\left(\left\|u_0\right\|_{H_1^3} + \left\|v_0\right\|_{H_1^3}\right) t^{-1/3} \\ &= C\left\|U_0\right\|_{\mathcal{H}_1^3} t^{-1/3}, \end{aligned} \tag{4.0.42}$$

lo que prueba (4.0.32). Para probar (4.0.33), sea $F = \left(f_1, f_2\right)$ donde

$$f_1 = u^p \partial_x u + v^p \partial_x v$$

y

$$f_2 = v^p \partial_x v + \partial_x \left(u v^p\right).$$

Ahora por la proposición A.16 y la desigualdad de Hölder, estimamos f_1 y f_2

$$\begin{aligned} \left\|f_1\right\|_{H_1^3} &= \left\|J^3 f_1\right\|_{L^1} = \left\|J^3\left(u^p \partial_x u + v^p \partial_x v\right)\right\|_{L^1} \\ &\leq \left\|J^3\left(u^p \partial_x u\right)\right\|_{L^1} + \left\|J^3\left(v^p \partial_x v\right)\right\|_{L^1} \\ &= \left\|u^{p-1} J^3 u \partial_x u\right\|_{L^1} + \left\|v^{p-1} J^3 v \partial_x v\right\|_{L^1} \\ &\leq \left\|u^{p-1}\right\|_{L^\infty} \left\|J^3 u \partial_x u\right\|_{L^1} + \left\|v^{p-1}\right\|_{L^\infty} \left\|J^3 v \partial_x v\right\|_{L^1} \\ &= \left\|u^{p-1}\right\|_{L^\infty} \left\|u J^3 \partial_x u\right\|_{L^1} + \left\|v^{p-1}\right\|_{L^\infty} \left\|v J^3 \partial_x v\right\|_{L^1} \\ &\leq \left\|u^{p-1}\right\|_{L^\infty} \left\|u\right\|_{L^2} \left\|J^3 \partial_x u\right\|_{L^2} + \left\|v^{p-1}\right\|_{L^\infty} \left\|v\right\|_{L^2} \left\|J^3 \partial_x v\right\|_{L^2} \\ &= \left\|u^{p-1}\right\|_{L^\infty} \left\|u\right\|_0 \left\|\partial_x u\right\|_3 + \left\|v^{p-1}\right\|_{L^\infty} \left\|v\right\|_0 \left\|\partial_x v\right\|_3 \\ &\leq C\left(\left\|u^{p-1}\right\|_{L^\infty} \left\|u\right\|_4 \left\|u\right\|_4 + \left\|v^{p-1}\right\|_{L^\infty} \left\|v\right\|_4 \left\|v\right\|_4\right) \\ &\leq C\left(\left\|u^{p-1}\right\|_{L^\infty} \left\|u\right\|_4^2 + \left\|v^{p-1}\right\|_{L^\infty} \left\|v\right\|_4^2\right) \end{aligned} \tag{4.0.43}$$

y haciendo cálculos similares a (4.0.43) tenemos que

$$\begin{aligned}
\|f_2\|_{H_1^3} &= \left\|J^3 f_2\right\|_{L^1} = \left\|J^3\left(v^p\partial_x v + \partial_x\left(uv^p\right)\right)\right\|_{L^1} \\
&\leq \left\|J^3\left(v^p\partial_x v\right)\right\|_{L^1} + \left\|J^3\left(v^p\partial_x u\right)\right\|_{L^1} + p\left\|J^3\left(v^{p-1}u\partial_x v\right)\right\|_{L^1} \\
&\leq C\left(\left\|v^{p-1}\right\|_{L^\infty}\|v\|_4^2 + \left\|v^{p-1}\right\|_{L^\infty}\|u\|_4\|v\|_4 + \left\|v^{p-2}\right\|_{L^\infty}\|u\|_4\|v\|_4^2\right) \quad (4.0.44)
\end{aligned}$$

y sumando ambos términos (4.0.43) y (4.0.44) se tiene

$$\begin{aligned}
\|F(r)\|_{\mathcal{H}_1^3} &= \|f_1\|_{H_1^3} + \|f_2\|_{H_1^3} \\
&\leq C\left[\left\|u^{p-1}\right\|_{L^\infty}\|u\|_4^2 + \left\|v^{p-1}\right\|_{L^\infty}\|v\|_4^2 + \right. \\
&\quad \left. + \left\|v^{p-1}\right\|_{L^\infty}\|u\|_4\|v\|_4 + \left\|v^{p-2}\right\|_{L^\infty}\|u\|_4\|v\|_4^2\right], \qquad (4.0.45)
\end{aligned}$$

lo que concluye la demostración.

■

Teorema 4.4. *Supongamos que en el problema (3.0.1),* $|\alpha| < 1$ *y* $p > 4$ *es un número entero. Si* $U_0 \in \mathcal{H}_1^3(\mathbf{R}) \cap \mathcal{H}_\infty^s(\mathbf{R})$ *con* $s \geq 4$ *y existe* $\delta > 0$ *tal que*

$$\|U_0\|_{\mathcal{H}_1^3} + \|U_0\|_{\mathcal{H}_\infty^s} < \delta$$

y $[0, T^*[$ *el intervalo máximo de existencia de la solución* U *de (3.0.1), entonces*

$$(1+t)^{1/3}\|U(t)\|_{\mathcal{H}_\infty^3} \leq C\delta + C\delta m^{p-1}(T)\exp\left(cm^p(T)\right) \qquad (4.0.46)$$

donde $0 \leq T < T^*$ *y*

$$m(T) = \sup_{0\leq t\leq T}(1+t)^{1/3}\|U(t)\|_{\mathcal{H}_\infty^3}. \qquad (4.0.47)$$

Prueba **Prueba.** Sea $[0, T^*[$ el intervalo máximo de existencia de la solución U del sistema (3.0.1). La desigualdad (4.0.45) muestra que para cualquier $0 \leq t < T^*$, la solución $U \in \mathcal{H}^s \cap \mathcal{H}_\infty^3$. Tomando la norma en $\mathcal{H}_\infty^3$ en la ecuación (4.0.30) y usando la desigualdad triangular

$$\|U(t)\|_{\mathcal{H}_\infty^3} \leq \|W(t)U_0\|_{\mathcal{H}_\infty^3} + \int_0^t \|W(t-r)F(r)\|_{\mathcal{H}_\infty^3}\,dr \qquad (4.0.48)$$

como $\{W(t)\}_{t\in\mathbf{R}}$ es un grupo de contracciones obtenemos

$$\begin{aligned}
\|W(t-r)F(r)\|_{\mathcal{H}_\infty^3} &= \|W(-1+1+t-r)F(r)\|_{\mathcal{H}_\infty^3} \\
&= \|W(-1)W(1+t-r)F(r)\|_{\mathcal{H}_\infty^3} \\
&\leq \|W(-1)\|_{\mathcal{H}_\infty^3}\|W(1+t-r)F(r)\|_{\mathcal{H}_\infty^3} \\
&\leq \|W(1+t-r)F(r)\|_{\mathcal{H}_\infty^3}
\end{aligned}$$

Usando los estimados (4.0.34) y (4.0.35) se tiene que

$$\begin{aligned}
\|U(t)\|_{\mathcal{H}_\infty^3} &\leq C\delta t^{-1/3} + \int_0^t \|W(1+t-r)(F)(r)\|_{\mathcal{H}_\infty^3}\,dr \\
&\leq C\delta t^{-1/3} + C\int_0^t (1+t-r)^{-1/3}\|F(r)\|_{\mathcal{H}_1^3}\,dr. \qquad (4.0.49)
\end{aligned}$$

De (4.0.45) se tiene la siguiente desigualdad

$$\begin{aligned}\|F(r)\|_{\mathcal{H}_1^3} &= \|f_1\|_{H_1^3} + \|f_2\|_{H_1^3} \\ &\leq C\left(\left\|u^{p-1}\right\|_{L^\infty}\|u\|_4^2 + \left\|v^{p-1}\right\|_{L^\infty}\|v\|_4^2 + \right. \\ &\quad \left. + \left\|v^{p-1}\right\|_{L^\infty}\|u\|_4\|v\|_4 + \left\|v^{p-2}\right\|_{L^\infty}\|u\|_4\|v\|_4^2\right) \\ &\leq C\|U(t)\|_{\mathcal{H}_\infty^3}^{p-1}\|U(t)\|_{\mathcal{H}^4}, \qquad (4.0.50)\end{aligned}$$

luego

$$\|F(r)\|_{\mathcal{H}_1^3} \leq C(1+r)^{\frac{p-1}{3}}\|U(t)\|_{\mathcal{H}_\infty^3}^{p-1}(1+r)^{\frac{1-p}{3}}\|U(t)\|_{\mathcal{H}^4}.$$

Usando (4.0.47) y el teorema 4.1 se sigue que

$$\|F(r)\|_{\mathcal{H}_1^3} \leq Cm^{p-1}(T)(1+r)^{\frac{1-p}{3}}\|U_0\|_{\mathcal{H}^4}\exp\left(c\int_0^r \Psi(\tau)\,d\tau\right) \qquad (4.0.51)$$

donde la función $m(\cdot)$ está bien definida, es continua no negativa y creciente. De (4.0.49) y (4.0.35) deducimos que

$$\begin{aligned}\|U(t)\|_{\mathcal{H}_\infty^3} &\leq C\delta t^{-1/3} + C\int_0^t (1+t-r)^{-1/3}\|F(r)\|_{\mathcal{H}_\infty^3}\,dr \\ &\leq C\delta t^{-1/3} \\ &\quad + C\int_0^t (1+t-r)^{-1/3} m^{p-1}(T)(1+r)^{\frac{1-p}{3}}\|\Phi\|_{\mathcal{H}^4}\exp\left(c\int_0^r \Psi(\tau)\,d\tau\right)dr \\ &\leq C\delta t^{-1/3} + C\delta\int_0^t (1+t-r)^{-1/3}(1+r)^{\frac{1-p}{3}}\exp\left(c\int_0^r \Psi(\tau)\,d\tau\right)m^{p-1}(T)\,dr \\ &\leq C\delta t^{-1/3} \\ &\quad + C\delta m^{p-1}(T)\exp\left(c\int_0^t \Psi(\tau)\,d\tau\right)m^{p-1}(T)\int_0^t (1+t-r)^{-1/3}(1+r)^{\frac{1-p}{3}}\,dr \\ &\leq C\delta t^{-1/3} + C\delta m^{p-1}(T)\exp\left(c\int_0^t \Psi(\tau)\,d\tau\right)m^{p-1}(T)(1+t)^{-1/3} \\ &\leq C\delta t^{-1/3} \\ &\quad + C\delta m^{p-1}(T)\exp\left(c\int_0^t (1+\tau)^{p/3}\|U(t)\|_{\mathcal{H}_\infty^3}^{p}(1+\tau)^{-p/3}\,d\tau\right)(1+t)^{-1/3} \\ &\leq C\delta t^{-1/3} + C\delta m^{p-1}(T)\exp\left(cm^p(T)\int_0^t (1+\tau)^{-p/3}\,d\tau\right)(1+t)^{-1/3} \\ &\leq C\delta t^{-1/3} + C\delta m^{p-1}(T)\exp\left(cm^p(T)\right)(1+t)^{-1/3} \qquad (4.0.52)\end{aligned}$$

donde hemos usado el hecho que $p \geq 4$ y la proposición 1.8 con $\beta_1 = \alpha_0 = \frac{1}{3}$, $\alpha_1 = \dfrac{p-1}{3}$ y

$$\begin{aligned}\Psi(r) &= \|u\|_{L^\infty}^{p-1}\|\partial_x u\|_{L^\infty} + \|v\|_{L^\infty}^{p-1}\|\partial_x v\|_{L^\infty} + \|v\|_{L^\infty}^{p-1}\|\partial_x u\|_{L^\infty} + \|v\|_{L^\infty}^{p-2}\|\partial_x v\|_{L^\infty}\|u\|_{L^\infty} \\ &\leq C\|U(t)\|_{\mathcal{H}_\infty^3}^{p}.\end{aligned}$$

Ahora, multiplicando por $(1+t)^{1/3}$ a (4.0.52) obtenemos que

$$\begin{aligned}(1+t)^{1/3}\|U(t)\|_{\mathcal{H}_\infty^3} &\leq C\delta t^{-1/3}(1+t)^{1/3} + C\delta m^{p-1}(T)\exp\left(cm^p(T)\right) \\ &\leq C\delta + C\delta m^{p-1}(T)\exp\left(cm^p(T)\right) \qquad (4.0.53)\end{aligned}$$

donde la función $f(t) = t^{-1/3}(1+t)^{1/3}$ es decreciente, pues $f'(t) = -\dfrac{1}{3t^{4/3}(1+t)^{2/3}}$ es negativo para todo $t > 0$ y alcanza el máximo valor cuando t se aproxima a cero. Además, la constante C no depende de T.

■

Teorema 4.5. *Supongamos que en el problema (3.0.1),* $|\alpha| < 1$ *y* $p > 4$ *un número entero.* $U_0 \in \mathcal{H}_1^3(\mathbf{R}) \cap \mathcal{H}_\infty^s(\mathbf{R})$ *con* $s \geq 4$ *y existe* $\delta > 0$ *tal que*

$$\|U_0\|_{\mathcal{H}_1^3} + \|U_0\|_{\mathcal{H}_\infty^s} < \delta$$

entonces existe $U \in C([0,\infty[, \mathcal{H}^s(\mathbf{R}))$ *única solución global de (3.0.1) y*

$$\sup_{t\in[0,\infty[} (1+t)^{1/3} \|U(t)\|_{\mathcal{H}_1^3} < +\infty.$$

Prueba **Prueba.** Tomemos el supremo a la desigualdad (4.0.53)

$$\sup_{0\leq t\leq T} (1+t)^{1/3} \|U(t)\|_{\mathcal{H}_\infty^3} \leq \sup_{0\leq T\leq T^*} \left(C\delta + C\delta m^{p-1}(T)\exp(cm^p(T))\right)$$

y por el teorema 4.1 se tiene que

$$m(T) \leq \sup_{0\leq T\leq T^*} \left(C\delta + C\delta m^{p-1}(T)\exp(cm^p(T))\right)$$

y la proposición 1.7 nos dice que

$$m(T) \leq C\delta + C\delta m^{p-1}(T)\exp(cm^p(T))$$

luego, deducimos que $m(T)$ es acotado para todo $0 \leq T \leq T^*$. Así, si

$$T_e = \sup\left\{\begin{array}{l} T \in [0,\infty[: \text{existe una única } U \in C([0,\infty[, \mathcal{H}^s(\mathbf{R})) \\ \text{solución de (3.0.1)} \end{array}\right\}$$

tenemos que

$$\lim\sup_{t\uparrow T_e} \|U(t)\|_{\mathcal{H}_{\infty^3}} < \infty$$

tenemos que $\|U(t)\|_{\mathcal{H}_\infty^3}$ está acotado para todo $t \in [0, T_e[$. En efecto, sean $t, h \in \mathbf{R}$ tales que $t, t+h \in [0, T_e[$,

$$\begin{aligned}
U(t+h) - U(t) &= W(t+h)U_0 + \int_0^{t+h} W(t+h-r)F(r)\,dr + \\
&\quad -W(t)U_0 - \int_0^t W(t-r)F(r)\,dr \\
&= [W(t+h) - W(t)]U_0 + \int_0^t W(t+h-r)F(r)\,dr + \\
&\quad + \int_t^{t+h} W(t+h-r)F(r)\,dr - \int_0^t W(t-r)F(r)\,dr \\
&= [W(t+h) - W(t)]U_0 + \int_0^t W(h)W(t-r)F(r)\,dr + \\
&\quad + \int_t^{t+h} W(t+h-r)F(r)\,dr \\
&\quad - \int_0^t W(t-r)F(r)\,dr \qquad (4.0.54)
\end{aligned}$$

tomando la norma a (4.0.54) en $\mathcal{H}_{\infty}^{3}$ y teniendo en cuenta que $\{W(t)\}_{t\geq 0}$ es un semigrupo de contracciones, tenemos

$$\begin{aligned}\|U(t+h)-U(t)\|_{\mathcal{H}_{\infty}^{3}} &\leq \|[W(t+h)-W(t)]U_0\|_{\mathcal{H}_{\infty}^{3}} \\ &+\int_t^{t+h}\|W(t+h-r)F(r)\|_{\mathcal{H}_{\infty}^{3}}dr+ \\ &+\left\|(W(h)-I)\int_0^t W(t-r)F(r)\,dr\right\|_{\mathcal{H}_{\infty}^{3}} \end{aligned} \tag{4.0.55}$$

y cuando $h\to 0$

$$\|U(t+h)-U(t)\|_{\mathcal{H}_{\infty}^{3}}\longrightarrow 0.$$

Luego, la aplicación $t\longmapsto U(t)\in\mathcal{H}_{\infty}^{3}$ es uniformemente acotada en $[0,T_e[$ y puede por lo tanto ser extendida continuamente al intervalo $[0,T_e]$ en la topología de $\mathcal{H}_{\infty}^{3}$. También, se ha probado en (4.0.28) que el problema (3.0.1) está localmente bien formulado. Ahora, consideremos el problema

$$\begin{cases}\partial_t V(t)=G(t,V(t)) \text{ para } t>0\\ V(0)=V_0\end{cases} \tag{4.0.56}$$

donde $G(V)=-A_0(V)V-F(V)$, $A_0(V)V$ es la parte lineal y $F(V)$ es la parte no lineal del sistema (3.0.1) y $V_0\in\mathcal{H}^4$.

La teoría de Kato afirma que existe $T^{'}>0$ con $T^{'}=T^{'}(\|V_0\|_{\mathcal{H}^4})$ tal que (4.0.56) posee una única solución $V\in C\left(\left[0,T^{'}\right[:\mathcal{H}^s(\mathbf{R})\right)$. Definamos

$$U^{'}(t)=\begin{cases}U(t) \text{ si } 0\leq t<T_e\\ V(t-T_e) \text{ si } T_e\leq t<T_e+T^{'}\end{cases}$$

donde se verifica que

$$\partial_t U^{'}(t)=\partial_t U(t)=G(t,U(t))=G\left(t,U^{'}(t)\right) \text{ si } 0\leq t<T_e$$

$$\partial_t U^{'}(t)=\partial_t V(t-T_e)=G(t,V(t-T_e))=G\left(t,U^{'}(t)\right) \text{ si } T_e\leq t<T_e+T^{'}.$$

Además, por la continuidad de $U(t)$ en $[0,T_e]$, para $h>0$ tal que $t-h\in[0,T_e]$ se tiene que

$$\begin{aligned}\frac{U^{'}(T_e)-U^{'}(T_e-h)}{h} &= \frac{U(T_e)-U(T_e-h)}{h}\\ &= \frac{\int_0^{T_e}G(r,U(r))\,dr+\int_0^{T_e-h}G(r,U(r))\,dr}{h}\\ &= \frac{1}{h}\int_{T_e-h}^{T_e}G(r,U(r))\,dr\\ &= \frac{hG(\xi,U(\xi))}{h}=G(\xi,U(\xi))\end{aligned}$$

donde $\xi=\xi(h)\in[T_e-h,T_e]$, entonces

$$\frac{U^{'}(T_e)-U^{'}(T_e-h)}{h}=G(\xi,U(\xi))\overset{h\downarrow 0}{\longrightarrow}G(T_e,U(T_e))=G(T_e,U_0)$$

pues $\xi(h) = (1-\alpha) T_e - h + \alpha T_e$, $0 \leq \alpha \leq 1$. Por lo tanto, $\partial_t^- U'(t)\Big|_{t=T_e}$ existe y $\partial_t^- U'(t)\Big|_{t=T_e} = G(T_e, U_0)$. De manera análoga, si $h > 0$ es tal $T_e + h \in \left[T_e, T_e + T'\right]$ tenemos

$$\begin{aligned} \frac{U'(T_e+h) - U'(T_e)}{h} &= \frac{V(h) - V(0)}{h} \\ &= \frac{1}{h}\int_0^h G(r, V(r)) \overset{h\downarrow 0}{\longrightarrow} G(T_e, V(T_e)) = G(T_e, U_0), \end{aligned}$$

lo que muestra que $\partial_t^+ U'(t)\Big|_{t=T_e}$ existe y $\partial_t^+ U'(t)\Big|_{t=T_e} = G(T_e, U_0)$. Por lo tanto,

$$\partial_t U'(t)\Big|_{t=T_e} = G(T_e, U_0),$$

en consecuencia, $U(t)$ puede ser extendida como solución de (3.0.1) al intervalo $\left[0, T_e + T'\right]$ lo que contradice la definición de T_e.

Con esto se concluye que existe solución global y el comportamiento asintótico es inmediato de (4.0.1)

$$\sup (1+t)^{1/3} \|U(t)\|_{\mathcal{H}_1^3} = L$$

entonces

$$\|U(t)\|_{\mathcal{H}_1^3} \leq L(1+t)^{-1/3}$$

para todo $t \in [0, \infty[$.

■

Apéndice A

Espacios de Sobolev

A.1. Modelados en $L^2(\mathbf{R})$.

En esta sección daremos una breve introducción a los espacios de Sobolev clásicos $H^s(\mathbf{R})$, con $s \in \mathbf{R}$. Ellos miden la diferenciabilidad de las funciones en $L^2(\mathbf{R})$ y son una herramienta fundamental en el estudio de las ecuaciones en derivadas parciales.

Definición A.1. *Para $s \in \mathbf{R}$, sea $J^s : \mathcal{S}'(\mathbf{R}) \to \mathcal{S}'(\mathbf{R})$ dado por*

$$\widehat{J^s u}(\xi) = \left(1 + |\xi|^2\right)^{s/2} \widehat{u}(\xi)$$

para todo $u \in \mathcal{S}'(\mathbf{R})$. Llamamos a J^{-s} el potencial de Bessel de orden s.

Proposición A.2. *Para cualquier $s \in \mathbf{R}$, $J^s : \mathcal{S}'(\mathbf{R}) \to \mathcal{S}'(\mathbf{R})$ es una aplicación lineal, continua, inyectiva y sobreyectiva. Además*

$$J^{s+t} = J^s J^t$$

y

$$\left(J^s\right)^{-1} = J^{-s}.$$

Definición A.3. *El espacio de Sobolev de orden $s \in \mathbf{R}$ modelado en $L^2(\mathbf{R})$, que denotamos por $H^s(\mathbf{R})$, es*

$$H^s(\mathbf{R}) = \left\{u \in \mathcal{S}'(\mathbf{R}) : J^s u \in L^2(\mathbf{R})\right\},$$

y para $u \in H^s(\mathbf{R})$, sea

$$\|u\|_s = \|J^s u\|_{L^2} = \left[\int_{-\infty}^{+\infty} \left(1+\xi^2\right)^s |\widehat{u}(\xi)|^2 \, d\xi\right]^{\frac{1}{2}}.$$

Proposición A.4. *Para todo $s \in \mathbf{R}$, $\|\cdot\|_s$ es una norma. Además, $H^0(\mathbf{R}) = L^2(\mathbf{R})$.*

Proposición A.5. *Un producto interno compatible en $H^s(\mathbf{R})$, $s \in \mathbf{R}$, es dado por*

$$\langle u, v\rangle_s = \langle J^s u, J^s v\rangle_{L^2} = \int_{-\infty}^{+\infty} \left(1+\xi^2\right)^s \widehat{u}(\xi)\overline{\widehat{v}(\xi)}\, d\xi$$

para todo $u, v \in H^s(\mathbf{R})$. Además, $\mathcal{S}(\mathbf{R}) \subset H^s(\mathbf{R})$ es denso, y $H^s(\mathbf{R})$ es un espacio de Hilbert.

Proposición A.6. *Sea $s \in \mathbf{R}$. Para cualquier $u \in H^s(\mathbf{R})$ tenemos*

$$\overline{\widehat{u}(\xi)} = \widehat{u}(-\xi)$$

para casi todo $\xi \in \mathbf{R}$.

Corolario A.7. *Sea $s \in \mathbf{R}$. Para cualesquiera $u, v \in H^s(\mathbf{R})$ tenemos*

$$\overline{\langle u, v\rangle_s} = \langle u, v\rangle_s,$$

es decir $\langle u, v\rangle_s$ es real.

De la definición de los espacios de Sobolev obtenemos las propiedades siguientes.

Teorema A.8. *Si $0 \leq s \leq t$ entonces $H^t(\mathbf{R}) \subseteq H^s(\mathbf{R})$. Además, la inclusión es continua y densa.*

También se cumple que $H^\infty(\mathbf{R}) = \bigcap \operatorname{lím}_{s\in\mathbf{R}} H^s(\mathbf{R})$ es denso en $H^s(\mathbf{R})$ cualquiera sea $s \in \mathbf{R}$. Ahora tenemos el siguiente resultado.

Teorema A.9. *Para todo $s \in \mathbf{R}$ el espacio $\mathcal{S}(\mathbf{R})$ es denso en $H^s(\mathbf{R})$.*

Teorema A.10. *Si $r \leq s \leq t$ con $s = (1-\theta)r + \theta t$ y $\theta \in [0,1]$, entonces*

$$\|u\|_s \leq \|u\|_r^{1-\theta}\|u\|_t^{\theta}.$$

El siguiente teorema permite relacionar "derivadas débiles en $L^2(\mathbf{R})$" con derivadas en el sentido clásico.

Teorema A.11 (de Inmersión de Sobolev). *Si $s > \frac{1}{2} + k$ entonces $H^s(\mathbf{R})$ está contenido continuamente en el espacio $C_\infty^k(\mathbf{R})$ de las funciones con k derivadas continuas que se anulan en el infinito, y*

$$\|u\|_{C^k} \leq c_s \|u\|_s.$$

Corolario A.12. *Si $1 \leq p < \infty$ y $s \geq \dfrac{p-2}{2p}$ entonces $H^s(\mathbf{R}) \hookrightarrow L^p(\mathbf{R})$.*

Hemos visto que $H^s(\mathbf{R})$ con $s \in \mathbf{R}$ es un espacio de Hilbert cuyos elementos son funciones continuas. Desde el punto de vista del análisis no-lineal la siguiente propiedad es esencial.

Teorema A.13. *Si $s > \frac{1}{2}$ entonces $H^s(\mathbf{R})$ es un álgebra respecto al producto de funciones, es decir, $uv \in H^s(\mathbf{R})$ si $u, v \in H^s(\mathbf{R})$ y*

$$\|uv\|_s \leq c_s \|u\|_s \|v\|_s.$$

Es importante hacer notar que tenemos una desigualdad más fuerte que la descrita en el teorema anterior. Esto es, si $s > \frac{1}{2}$ entonces para todo $r \in \left]\frac{1}{2}, s\right[$

$$\|uv\|_{H^s} \leq c_s\left(\|u\|_{H^s}\|v\|_{H^r} + \|u\|_{H^r}\|v\|_{H^s}\right).$$

Estimativas más finas muestran que

$$\|uv\|_{H^s} \leq c_s\left(\|u\|_{H^s}\|v\|_{L^\infty} + \|u\|_{L^\infty}\|v\|_{H^s}\right)$$

y

$$\|uv\|_{H^s} \leq c\left(\|u\|_{H^s}\|v\|_{L^\infty} + \|u\|_{L^\infty}\|v\|_{H^s}\right)$$

siempre que $u, v \in H^s(\mathbf{R})$ con $s \geq 0$.

Teorema A.14. *Si* $s \geq 0$ *entonces*

$$H^s(\mathbf{R}) = \left\{u \in L^2(\mathbf{R}) : \partial^s u \in L^2(\mathbf{R})\right\}$$

donde $\widehat{D^s u}(\xi) = |\xi|^s \widehat{u}(\xi)$. *Además, la norma de* $H^s(\mathbf{R})$ *es equivalente a la norma*

$$\|u\|_{H^s} = \sqrt{\|u\|_s^2 + \|D^s u\|_s^2}.$$

Proposición A.15. *Para todo* $k \in \mathbf{N}$ *y para todo* $s \in \mathbf{R}$, D^k *es un operador acotado sobre* $H^s(\mathbf{R})$ *hacia* $H^{s-k}(\mathbf{R})$. *Además,*

$$\left\|D^k u\right\|_{s-k} \leq c\|u\|_s.$$

De la desigualdad del último teorema es claro que

$$\left\|D^k u\right\|_{H^s} \leq c\|u\|_{H^{s+k}}$$

para todo $k \in \mathbf{N}$ y para todo $s \in \mathbf{R}$.

Proposición A.16. *Sean* u, $v \in H^s(\mathbf{R})$ *con* $s \geq 0$ *y* $p \geq 1$, *entonces*

$$\left\|J^k(u^p \partial_x u)\right\|_{L^1} = \left\|u^{p-1} J^k u \partial_x u\right\|_{L^1}.$$

Prueba **Prueba.** Aplicamos la transformada de Fourier a $J^k(u^p\partial_x u)$

$$\begin{aligned}
J^k \widehat{(u^p \partial_x u)}(\xi) &= \left(1+\xi^2\right)^{k/2} \widehat{u^{p-1} u \partial_x u}(\xi) \\
&= \left(1+\xi^2\right)^{k/2} \widehat{u^{p-1}}(\xi) * \widehat{u\partial_x u}(\xi) \\
&= \widehat{u^{p-1}}(\xi) * \left(1+\xi^2\right)^{k/2} \widehat{u\partial_x u}(\xi) \\
&= \widehat{u^{p-1}}(\xi) * \widehat{J^k u\partial_x u}(\xi) \\
&= \widehat{u^{p-1} J^k u}\partial_x u(\xi)
\end{aligned}$$

tomamos la transformada inversa de Fourier a la igualdad anterior y aplicamos la norma en L^1 $\left\|J^k(u^p\partial_x u)\right\|_{L^1} = \left\|u^{p-1} J^k u \partial_x u\right\|_{L^1}$.

■

A.2. Modelados en $L^p(\mathbf{R})$, $1 \leq p \leq \infty$.

En esta sección veremos en forma breve los espacios de Sobolev generalizados. Supongamos que la función $\varphi \in \mathcal{S}(\mathbf{R})$ es tal que

$$\text{lím}\, \varphi = \left\{\xi : 2^{-1} \leq |\xi| \leq 2\right\},$$

$$\varphi(\xi) > 0 \text{ para } 2^{-1} \leq |\xi| \leq 2$$

y

$$\sum_{k=-\infty}^{\infty} \varphi\left(2^{-k}\xi\right) = 1 \qquad (\xi \neq 0).$$

Ahora, definamos las funciones φ_k, $k \in \mathbf{Z}$ y ψ en $\mathcal{S}(\mathbf{R})$ por

$$\widehat{\varphi_k}(\xi) = \varphi\left(2^{-k}\xi\right)$$

y

$$\widehat{\psi}(\xi) = 1 - \sum_{k=1}^{\infty} \varphi\left(2^{-k}\xi\right).$$

En el siguiente lema damos algunas propiedades simples del potencial de Bessel J^{-s} en $\mathcal{S}(\mathbf{R})$.

Lema A.17. *Sea $u \in \mathcal{S}'(\mathbf{R})$ y supongamos que $\varphi_k * u \in L^p(\mathbf{R})$. Entonces*

$$\|J^s \varphi_k * u\|_{L^p} \leq C 2^{sk} \|\varphi_k * u\|_{L^p} \qquad (k \geq 1)$$

y si $\psi * u \in L^p(\mathbf{R})$,

$$\|J^s \psi * u\|_{L^p} \leq C \|\psi * u\|_{L^p}$$

donde la constante C es independiente de p y k.

Ahora veamos la siguiente definición del espacio generalizado de Sobolev.

Definición A.18. *Sea $s \in \mathbf{R}$, $1 \leq p, q \leq \infty$. Escribimos*

$$\|u\|_{H_p^s} = \|J^s u\|_{L^p}$$

y el espacio generalizado de Sobolev es definido por

$$H_p^s = \left\{u : u \in \mathcal{S}'(\mathbf{R}), \|u\|_{H_p^s} < \infty\right\}.$$

H_p^s es un espacio normado lineal con norma $\|\cdot\|_{H_p^s}$. Además es un espacio de Banach completo. Daremos algunos resultados elementales acerca del espacio $H_p^s(\mathbf{R})$ con $1 \leq p \leq \infty$.

Teorema A.19. *Si $s_1 < s_2$ tenemos*

$$H_p^{s_2} \subset H_p^{s_1}.$$

Además, si $N \geq 1$ es un entero y si $1 < p < \infty$ entonces

$$H_p^N = \left\{u \in L^p(\mathbf{R}) : \partial^N/\partial x^N \in L^p(\mathbf{R})\right\},$$

y

$$\|u\|_{L^p}^N \sim \left\|\partial^N/\partial x^N\right\|_{L^p} + \|u\|_{L^p}.$$

También, se cumple que $\mathcal{S}(\mathbf{R})$ es denso en $H_p^s(\mathbf{R})$.

Prueba **Prueba.** Supongamos que $u \in H_p^{s_2}(\mathbf{R})$. Veremos que el operador $J^{s_2-s_1} : L^p(\mathbf{R}) \to L^p(\mathbf{R})$ es tal que

$$\|u\|_{H_p^{s_1}} = \|J^{s_1}u\|_{L^p} = \left\|J^{s_2-s_1}J^{s_1}u\right\|_{L^p} \leq C\|J^{s_2}u\|_{L^p} = C\|u\|_{H_p^{s_2}}.$$

Para ver que $J^{-\varepsilon} : L^p(\mathbf{R}) \to L^p(\mathbf{R})$ si $\varepsilon = s_2 - s_1 > 0$ usemos el lema A.17 y obtenemos

$$\begin{aligned}\left\|J^{-\varepsilon}u\right\|_{L^p} &\leq \left\|J^{-\varepsilon}\psi * u\right\|_{L^p} + \sum_{k=1}^{\infty}\left\|J^{-\varepsilon}\varphi_k * u\right\|_{L^p} \\ &\leq C\left(\|\psi * u\|_{L^p} + \sum_{k=1}^{\infty} 2^{-\varepsilon k}\|\varphi_k * u\|_{L^p}\right) \leq C\left(1 + \sum_{k=1}^{\infty} 2^{-\varepsilon k}\right)\|u\|_{L^p}.\end{aligned}$$

Esto completa la prueba de la primera parte del teorema. La segunda parte del teorema no lo probamos aquí.

Finalmente, probemos la densidad. Sea $u \in H_p^s(\mathbf{R})$ es decir, $J^s u \in L^p$, se sabe que $\mathcal{S}(\mathbf{R})$ es denso en $L^p(\mathbf{R})$ $(1 \leq p < \infty)$, existe $g \in \mathcal{S}(\mathbf{R})$, tal que

$$\left\|u - J^{-s}g\right\|_{H_p^s} = \|J^s u - g\|_{L^p}$$

es el más pequeño que cualquier otro número positivo dado. Puesto que $J^{-s}g \in \mathcal{S}(\mathbf{R})$, $\mathcal{S}(\mathbf{R})$ es denso en $H_p^s(\mathbf{R})$.

Apéndice B

Semigrupos de operadores

B.1. Definiciones.

Definición B.1. *Un semigrupo fuertemente continuo de operadores lineales acotados sobre un espacio de Banach X es una familia $\{T(t)\}_{t\geq 0}$ tal que*

(i) para cada $t \geq 0$, $T(t) \in \mathcal{L}(X)$,

(ii) $T(0) = I$, el operador identidad sobre X, y

(iii) $T(s+t) = T(s)T(t)$, para cualesquier $t, s \geq 0$.

(iv) para todo $x \in X$ fijo, la aplicación $T(\cdot)x : [0, \infty[\to X$ sea continua.

Los semigrupos fuertemente continuos de operadores lineales acotados sobre un espacio de Banach X serán en adelante llamados simplemente *semigrupos en* X.

Teorema B.2. *Si $\{T(t)\}_{t\geq 0}$ es un semigrupo sobre X, entonces existen $\omega \geq 0$ y $M \geq 1$ tales que*

$$\|T(t)\|_{\mathcal{L}(X)} \leq Me^{\omega t} \tag{B.1.1}$$

para cada $t \geq 0$.

Cuando un semigrupo sobre X satisface (B.1.1), decimos que es del tipo (M, ω). Los semigrupos del tipo $(1, \omega)$ se denominan *semigrupos casi acretivos* y aquellos del tipo $(1, 0)$ serán llamados *semigrupos de contracción*.

Definición B.3. *El generador de un semigrupo $\{T(t)\}_{t\geq 0}$ en X es la aplicación $A : \mathcal{D}(A) \subseteq X \to X$ definida por*

$$\mathcal{D}(A) = \left\{ x \in X : \lim_{t \downarrow 0} \frac{T(t)x - x}{t} \text{ existe} \right\}$$

$$Ax = \left. \frac{d^+}{dt} T(t)x \right|_{t=0}$$

Es inmediato de la definición B.3 que $\mathcal{D}(A)$ es un subespacio vectorial de X y A es un operador lineal no acotado.

Veamos en seguida una de las propiedades de los generadores.

Proposición B.4. *Si A es el generador del semigrupo $\{T(t)\}_{t\geq 0}$ en X, entonces para todo $x \in \mathcal{D}(A)$ tenemos que $T(t)x \in \mathcal{D}(A)$ para todo $t \geq 0$, y*

$$\frac{d}{dt}T(t)x = AT(t)x = T(t)Ax. \tag{B.1.2}$$

Además, para $t \geq s \geq 0$ y $x \in \mathcal{D}(A)$

$$T(t)x - T(s)x = \int_s^t T(r)Axdr = \int_s^t AT(r)x\,dr. \tag{B.1.3}$$

Nuestro objetivo es aplicar la teoría de semigrupos para estudiar los problemas de Cauchy de la forma

$$\begin{cases} \dfrac{du}{dt}(t) = Au(t), & t \geq 0 \\ \\ u(0) = u_0 \in \mathcal{D}(A), \end{cases} \tag{B.1.4}$$

donde el operador A no depende de t, por lo que la ecuación es llamada autónoma. El siguiente teorema presenta condiciones que garantizan la existencia de solución que satisface

$$u \in C([0,T], \mathcal{D}(A)) \cap C^1([0,T], X),$$

la cual será llamada *solución mild.*

Proposición B.5. *Sea X un espacio de Banach y $A : \mathcal{D}(A) \subseteq X \to X$ generador del semigrupo $\{T(t)\}_{t\geq 0}$ en X. Para todo $u_0 \in \mathcal{D}(A)$ el problema de valor inicial (B.1.4) tiene una única solución*

$$u \in C([0,\infty[, \mathcal{D}(A)) \cap C^1([0,\infty[, X)$$

dada por

$$u(t) = T(t)u_0.$$

Teorema de Lumer-Phillips.

Un problema fundamental en la teoría de semigrupos de operadores lineales fuertemente continuos es la caracterización del generador infinitesimal de un semigrupo. Existen varias de tales caracterizaciones: el teorema de E. Hille y K. Yosida (1948) para semigrupos de contracción y el teorema de Hille-Yosida-Phillips (1952) que caracteriza a los semigrupos de tipo (M, ω)

R. S. Phillips caracterizó el generador de un semigrupo de contracciones sobre un espacio de Hilbert, como un operador m-disipativo.

Definición B.6. *Un operador $A : \mathcal{D}(A) \subseteq X \to X$ en el espacio de Banach X es llamado disipativo si*

$$\forall \lambda > 0, \forall u \in \mathcal{D}(A) : \|u - \lambda Au\|_X \geq \|u\|_X.$$

La disipatividad de A implica la inyectividad del operador $I - \lambda A : D(A) \to X$. En efecto, si $u \in Nu(I - \lambda A)$,

$$\|u\| \leq \|(I - \lambda A)u\| = 0$$

implica que $Nu(I - \lambda A) = \{0\}$.

Definición B.7. *Un operador $A : \mathcal{D}(A) \subseteq X \to X$ en el espacio de Banach X se denomina m-disipativo si*

1. *A es disipativo, y*

2. $\forall \lambda > 0, \forall x \in X, \exists u \in \mathcal{D}(A) : u - \lambda A u = x.$

La definición de m-disipatividad implica obviamente la suprayectividad del operador $I - \lambda A$; concluimos pues que si A es un operador m-disipativo, entonces el operador $I - \lambda A : \mathcal{D}(A) \to X$ es lineal y biyectivo, entonces existe el operador $(I - \lambda A)^{-1} : X \to \mathcal{D}(A)$.

En esta sección H denotará un espacio de Hilbert, con producto interno $\langle \cdot, \cdot \rangle$.

Proposición B.8. *Si X es un espacio de Hilbert, $A : \mathcal{D}(A) \subseteq X \to X$ es un operador disipativo en X si y solo si $\langle Au, u \rangle_X \leq 0, \forall u \in X$.*

Teorema B.9. *Sea $A : \mathcal{D}(A) \subseteq X \to X$ un operador lineal en el espacio de Hilbert X, luego*

1. *Si A es autoadjunto y negativo, es decir $\langle Au, u \rangle \leq 0$ para todo $u \in \mathcal{D}(A)$, entonces A es m-disipativo.*

2. *Si $\mathcal{D}(A)$ es denso en X, entonces*

$$A \text{ y } -A \text{ son m-disipativos} \Leftrightarrow A \text{ es antiadjunto.}$$

Teorema B.10 (Lumer-Phillips). *El operador $A : \mathcal{D}(A) \subseteq X \to X$ es generador de un semigrupo de contracciones en el espacio de Banach X si y solamente si A es m-disipativo en X y $\mathcal{D}(A)$ es denso en X.*

Teorema B.11. *Sea A un operador disipativo en el espacio de Banach X; luego, las siguientes afirmaciones son equivalentes.*

1. *A es m-disipativo en X.*

2. $\exists \lambda_0 > 0, \forall x \in X, \exists u \in \mathcal{D}(A) : u - \lambda_0 A u = x.$

B.2. Teorema de perturbación de generadores.

Teorema B.12. *Sea A el generador de un semigrupo de contracciones. Sea B disipativo y satisface $\mathcal{D}(A) \subseteq \mathcal{D}(B)$ y*

$$\|Bx\| \leq \alpha \|Ax\| + \beta \|x\| \quad \text{para } x \in \mathcal{D}(A)$$

donde $0 \leq \alpha < 1$ y $\beta > 0$. Entonces $A + B$ es el generador de un semigrupo de contracciones en X.

Lema B.13. *Con la notación del lema anterior, si A y B son los generadores de los semigrupos $\{T(t)\}_{t \geq 0}$ y $\{S(t)\}_{t \geq 0}$ respectivamente, entonces*

$$B = A - \omega I$$

esto es, $\mathcal{D}(A) = \mathcal{D}(B)$ y $Bx = Ax - \omega x$ para $x \in \mathcal{D}(A)$.

Prueba **Prueba.** Sea $x \in X$ y, para $h > 0$, consideremos

$$\begin{aligned} \frac{S(h)x - x}{h} &= \frac{S(h)x - T(h)x}{h} + \frac{T(h)x - x}{h} \\ &= \left(\frac{e^{-\omega t} - 1}{h} \right) T(h)x + \frac{T(h)x - x}{h}. \end{aligned}$$

El primer término tiende a $-\omega T(0)x = -\omega x$ cuando $h \to 0^+$ para cualquier $x \in X$. Por lo tanto

$$\lim_{h\downarrow 0} \frac{S(h)x - x}{h} = -\omega x + \lim_{h\downarrow 0} \frac{T(h)x - x}{h},$$

si los límites existen (en cuyo caso ambos límites existen). Esto sucede si y solamente si $x \in \mathcal{D}(A)$ así que $\mathcal{D}(A) = \mathcal{D}(B)$ y, por la definición de generador, vemos que $Bx = Ax - \omega x$ para $x \in \mathcal{D}(A)$, como se quería demostrar. End Proof

Proposición B.14. *Sean X un espacio de Hilbert con producto interno $\langle\cdot,\cdot\rangle_X$ y $A : \mathcal{D}(A) \subseteq X \to X$ un operador lineal. El operador $-A$ es el generador de un semigrupo de tipo $(1,\omega)$ si y solamente si*

1. *$\langle Ax, x\rangle_X \geq -\omega \|x\|_X^2$ para cada $x \in \mathcal{D}(A)$, y*
2. *$A + \lambda I$ es un operador suryectivo para algún $\lambda > \omega$.*

Prueba **Prueba.** Por el lema B.13, $-A$ es el generador de un semigrupo de tipo $(1,\omega)$ si y solamente si el operador $B = -A - \omega I$ genera un semigrupo de tipo $(1,0)$, es decir, B es el generador de un semigrupo de contracciones. Por el teorema de Lumer-Phillips, esto ocurre si y solamente si B es m-disipativo en el espacio de Hilbert X. Entonces por la definición B.7 y la proposición B.8 $\langle Bx, x\rangle_X \leq 0$ para todo $x \in \mathcal{D}(A)$. Como

$$\begin{aligned} \langle Bx, x\rangle_X &= \langle (-A - \omega I)x, x\rangle_X = \langle -Ax - \omega x, x\rangle_X \\ &= -\langle Ax, x\rangle_X - \langle \omega x, x\rangle_X = -\langle Ax, x\rangle_X - \omega \|x\|_X^2 \leq 0, \end{aligned}$$

entonces

$$\forall x \in \mathcal{D}(A) : \langle Ax, x\rangle_X \geq -\omega \|x\|_X^2 .$$

Por otro lado, por el teorema , B es m-disipativo en X si y solamente si

$$\exists \lambda_0 > 0 : I - \lambda_0 B \text{ es suprayectivo}$$

pero

$$I - \lambda_0(-A - \omega I) = \lambda_0 A + (1 + \lambda_0\omega) I = \lambda_0 \left[A + \frac{1 + \lambda_0\omega}{\lambda_0} I\right]$$

Por tanto, $A + \lambda I$ es suprayectivo, donde $\lambda = \dfrac{1 + \lambda_0\omega}{\lambda_0} = \dfrac{1}{\lambda_0} + \omega > \omega$.

■

Bibliografía

[A] R. A. Adams. *Sobolev spaces.* Academic Press. New York, (1975).

[BBM] E. Bisognin, V. Bisognin y G. P. Menzala. *On the asymptotic Behaviour in the time of the solutions of a coupled system of kdV Equations.* Laboratorio Nacional de Computación científica, N°09/95.

[ABS] J. Albert, J. L. Bona, J.C. Saut. *Model equations for waves in stratified.* Proc. Royal Soc. London A, 453 (1997).

[ACW] J. M. Ash, J. Cohen y G. Wang. *On strongly interacting internal solitary waves.* J. Fourier Anal. and Appl. 5 (1996).

[BL] J. Bergh, J. Lofstrom. *Interpolation Spaces.* Springer-Verlag, N. York, (1970), 139-142.

[BPST] J. Bona, G. Ponce, J. C. Saut y M. Tom. *A model system for strong interaction between internal solitary waves.* Comm. Math. Phys. 143 (1992).

[F] G. B. Folland. *Introduction to partial differential equations.* Princeton Univ. Press, (1976).

[Fr] A. Friedman. *Partial Differenctial Equations.* Holt, Rinehart and Winston, Inc., N. York, (1969).

[II] R.J. Iorio Jr., V. Iorio. *Fourier analysis and partial differential equations.* Cambridge University Press, N. York, (2001).

[KP] T. Kato y G.Ponce. *Conmutators estimates and the Euler and Navier-Stokes equatios.* Comm. Pure Applied Math., 891-907 (1988).

[K1] T. Kato. *Quasi-linear equations of evolution, with applications to partial differential equations.* Lecture and Notes in Mathematics, **448** (1975), 25-70.

[KPV] C. E. Kening, G. Ponce y L. Vega. *On the (Generalized) Korteweg-de Vries Equation.* Duke Math. Journal, Vol. 53, No. 3 (1989), 588-592.

[LP] F. Linares, M. Panthee. *On the Cauchy problem for a coupled system of KDV equations.* 2000 Mathematics Subject Clasification. 35Q35, 35Q53. (October 2003).

[R] R. Racke. *Lectures on nonlinear evolution equations.* Initial Value Problems, (1982), 88-90.

[M1] J. Montealegre. *Introducción a las ecuaciones de evolución.*

[M2] J. Montealegre. *Introducción a las ecuaciones dispersivas no lineales.* PUCP, (2007).

[ST] J. C. Saut, R. Teman. *Remarks on the Korteweg- de Vries equation.* Israel J. of Math., 24, (1976), 78-87.

[St] W. Strauss. *Dispersion of low-energy waves for two conservative equations.* Arch. Rational Mech. Anal. 55 (1974), 86.

[T] M. E. Taylor. *Partial differential equations III. Non Linear equations.* Springer-Verlag, N. York, (1996).

MIX
Papier aus verantwortungsvollen Quellen
Paper from responsible sources
FSC® C105338

Printed by Books on Demand GmbH, Norderstedt / Germany